你所谓的安逸，不过是在浪费生命

马国福——著

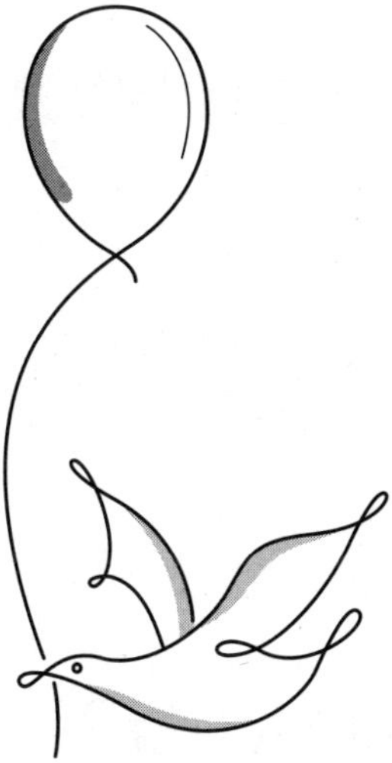

哈尔滨出版社
HARBIN PUBLISHING HOUSE

图书在版编目 (CIP) 数据

你所谓的安逸，不过是在浪费生命 / 马国福著 . —
哈尔滨：哈尔滨出版社，2019.11
ISBN 978-7-5484-4804-4

Ⅰ. ①你… Ⅱ. ①马… Ⅲ. ①成功心理－通俗读物
Ⅳ. ①B848.4-49

中国版本图书馆 CIP 数据核字（2019）第 176459 号

书　　名：你所谓的安逸，不过是在浪费生命
NI SUOWEI DE ANYI, BUGUO SHI ZAI LANGFEI SHENGMING

作　　者：马国福　著
责任编辑：赵　芳　张　薇
责任审校：李　战
封面设计：象上品牌设计

出版发行：哈尔滨出版社（Harbin Publishing House）
社　　址：哈尔滨市松北区世坤路 738 号 9 号楼　　邮编：150028
经　　销：全国新华书店
印　　刷：河北鸿祥信彩印刷有限公司
网　　址：www.hrbcbs.com　　www.mifengniao.com
E－mail：hrbcbs@yeah.net
编辑版权热线：（0451）87900271　87900272
销售热线：（0451）87900202　87900203
邮购热线：4006900345　（0451）87900256

开　　本：787mm×1092mm　1/32　印张：8　字数：280 千字
版　　次：2019 年 11 月第 1 版
印　　次：2019 年 11 月第 1 次印刷
书　　号：ISBN 978-7-5484-4804-4
定　　价：39.80 元

你所谓的安逸，不过是在浪费生命

目 录

第一章 拔除心灵的杂草

第二章
穿透灵魂的微笑

第三章

突破人生的瓶颈

第四章

留把钥匙在别处

第一章

拔除心灵的杂草

消除仇恨，多些友爱，用善意的心灵与世界对话吧，爱是世界的回音壁。我们友善的声音定会被这回音壁演奏成世上最美妙的乐曲。这美妙的乐曲定能给我们平和的心灵带来更多的快乐和收获。

拔除心灵的杂草

小时候我们姊妹多，家境贫困，经常受人欺负。每次受气，我心里都很不是滋味，更不是滋味的是，我们吃了亏还要受母亲的责骂。明明我们有理，母亲不去与别人论理反而责怪自己的儿女，这让我们心里很不平衡。母亲说：“人亏亏一时，不会亏一世。好人人欺天不欺。”我非常不解，觉得母亲有点软弱，于是暗下决心长大了一定要混出个样来，好好报复所有欺负过我们的人。仇恨的种子悄悄在我心里萌芽。

我记得很清楚，有一次村里一户人家砍树时不但压坏了我家的庄稼，而且还把我家和他家并排长在一起的树砍倒了几棵，说是他家的。我们姊妹据理力争，那户人家说：“你家的树又没写名字，你叫它，如果它答应了，这树就算你家的。”他们仗着家势强大把我家的树给砍走了。不幸的是，几个月后那家的人出外跑运输出了车祸，损失很惨重。

有一年夏天，我跟随母亲到地里拔杂草。田里有一种叫燕麦的杂草，生命力和繁殖能力特别强，随便扔到什么地方，过不了多久，就能蔓延一大片，把地里的养分吸个精光。盛夏，正是燕麦疯长的季节。母亲在地里拔杂草，她让我把她拔除的杂草装进背篓扔进河里淌走。倒杂草时我发现我家地的旁边就是砍了我们树的那户人家的地。我灵机一动，何不把杂草扔进他们地里？让他家的庄稼被杂草“吃”掉。我趁四下无人把杂草一把一把扔进他们地里。我想象着杂草“吃”坏他家的庄稼的情景，禁不住得意地笑了起来。

突然，一声大喝吓了我一跳。“把杂草拣出来！”我回过头一看，是母亲，她表情很严肃地盯着我。我说：“妈，这可是一个很好的报复机会啊，不扔会便宜他们的。”母亲说：“咱可不能坏良心啊！庄稼是无辜的。快拣出来！”我站着不动，仿佛受了很大的委屈。母亲无言，走进那户人家的地里，弯着腰，一株一株把我扔的杂草全拣了出来，装进篓子，走向河边。

我生气地对母亲说：“妈，你怎么总是让着别人？”母亲说：“一个人连心里的杂草都拔不掉，怎么能种出饱满的庄稼呢？”我突然觉得母亲身上有一股巨大的力量冲击着我，但我说不出来。

多年过去了，我们姊妹有三个人考上了大学。现在有的成为为人师表的教师，有的成为治病救人的医生，有的成为辅助领导决策的干部。我想其中就有母亲那句话的功劳吧。

现在每当遇到矛盾时我就会想起母亲的那句话：“一个人连心里的杂草都拔不掉，怎么能种出饱满的庄稼呢？”

是呀，拔除心灵的杂草，才能留住明媚的春光，种出干净的食粮。

1℃的温暖

大学毕业后他到一家大型企业工作。参加工作的前三年，公司的效益非常好，每个月他总会有一笔不菲的收入（工资福利待遇奖金）。在外人眼里他能拥有这一切已经很不错了，他也很知足。和他一起共事的大都是大学毕业的年轻人，随着时间的推移，按部就班的工作节奏使他们变得懒散，总觉得工作、生活中缺少激情。他们厌倦了目前的工作和生活，想跳槽换个环境。

市场的竞争是残酷的，经济的风云变幻是很难预料的。就在他们决定跳槽的时候，公司由于在一个重大项目上决策失误，损失惨重，多年来创造的辉煌一夜之间化为乌有，面临破产的困境。

平时公司的经理带领他们创业，对这些年轻人也格外照顾。在公司处于困境的时候选择跳槽，他们很是过意不去，但是长期在公司待下去不会有太大的发展前途。权衡再三，他们毅然决定离开，另谋高就。就这样他们联合了几个年轻人写好了辞职报告。

盛夏时节酷暑难耐，为了节约用电，公司经理把办公室空调的控温从23℃提高到24℃。为此，经理特意在门口贴了一张小纸条：“关键时刻，让我们从点滴做起。尽管公司处于困境，但困难只是暂时的，如同乌云遮不住太阳。为了节省1℃的电量，你们进入我的办公室前，可以随便减去一件衣服。”

在这个以严格的等级制度管人的公司里，没有人可以在进入经理的办公室之前随随便便减衣服。尽管经理贴出了小纸条，可是没有人在进入他的办公室之前减去一件衣服。时间长了经理发现了这一点，立即从自己做起，自己先得减去一件衣服，穿着随便些，让来汇报工作的员工放松心情，自然一些。

那天他们走到经理办公室门前，看到小纸条，没敢脱衣服，但心微微地被震动了一下。走进办公室，他们发现经理穿着很随便，而且他们观察到经理办公室的空调控温比往常高了一度。经理让他们脱去一件衣服，有什么想法慢慢汇报。先前想好的辞职理由顷刻间化为乌有，最后他们红着脸退了出去。

此后，他们的心长久地被那1℃温暖着，尽管那1℃对一个员工上千的企业算不了什么。但是他们从那微不足道的1℃中体会出了一种温暖，一种精神。几个月过去了，始终没有人提辞职的事情。

后来那家公司走出了困境，企业的发展蒸蒸日上。有人说企业的成功与1℃有关，也有人说与1℃无关。

很难相信，一个企业的兴衰与小小的1℃息息相关，因为那是最温情的1℃，最富有人性的1℃，正是这微小的1℃孕育了一种强大的力量，唤醒了埋在人性深处的一种温情，将个体的命运与集体的命运紧紧地连在一起，形成一种温情的团队精神，战胜了看似很大的困难。

为人处世，需要这样的1℃；营生立业，需要这样的1℃。

爱上一扇窗

寒冷的冬天女孩每天都乘公交车上下班，每次乘车她都会遇见男孩，奇怪的是即便有空座位，男孩也从不坐，他将背紧紧靠着女孩对面的窗子静静地站着。车内的乘客穿着厚厚的棉衣还在打战，男孩却穿得很薄。起初男孩并没有引起女孩的注意，时间长了，女孩开始注意男孩，他总是靠窗站着。男孩奇怪的举动让女孩很不解。

气质优雅又美丽的女孩在公司有点鹤立鸡群似的清高，常独来独往，追求她的人足有一打，其中不乏才貌双全、有车有房等条件非常优越的白领，对此她视而不见，全都委婉地拒绝了。

有一天上午，天下起了大雪，中午下班后女孩在车上又遇见了男孩，男孩仍将背紧紧地贴在窗子上。男孩无意中看了女孩一眼，女孩捧着一本时尚杂志看得很投入。女孩眼角的余光使她感觉到了男孩在看她，女孩抬头淡淡地笑了一下，笑得很真诚很美。四目相对，男孩很快低下了头，瞬间脸上泛起阵阵红晕。女孩下车时男孩脸上的红晕还没褪尽，男孩的害羞在女孩眼里很可爱。下午下班后，坐在车上的女孩没有看见男孩，男孩常站的那个位置空着，女孩才注意到男孩以前经常靠的那扇窗已破了几个大洞，不过下午司机已用胶布把洞封住了。女孩突然明白了，男孩站在那里是为了堵住从破洞里刮进来的寒风。女孩心里暖暖的，萌生了结识男孩的冲动，她想：如此细心的男孩肯定有一颗善解人意的心。

第二天男孩没有来乘车。坐在车上，女孩心里空空的，她怅然若失，无心翻看手中的杂志。她期待着男孩的身影出现，期待着和男孩随便聊聊什么。

第三天男孩来了，但是他没有再站着，而是找了一个空座位坐了下来。女孩走了过去主动和男孩打招呼："嘿，你也在这里。"男孩笑，女孩也笑，笑得很纯真坦诚。

女孩爱上了那扇窗，爱上了那颗靠窗的细腻的心。

后来人们经常看到女孩和男孩牵手上下车的身影。再后来女孩穿上了男孩给她的嫁衣。结婚那天女孩问男孩："那时车上有空座位你为什么还站着？""小傻瓜，窗子破了几个洞，你每次对着窗子坐，谁忍心让美丽的女孩儿受冻？虽然那时不认识你，但第一眼看见你，我就有一种保护你，不让你受冻的冲动。"男孩说。

张爱玲说过："于千万人中遇见你所要遇见的人，于千万年之中，时间无涯的荒野里，没有早一步，也没有晚一步，刚巧赶上了，那也没别的话可说，唯有轻轻地问一声，噢，你也在这里吗？"一语道破天机。女孩在拥挤的公交车上遇到了男孩，于方寸窗子间读懂了一颗无声的心，这不是上天的安排吗？

此恨不关红绿灯

他和她是经人介绍认识的。都说恋爱中的女孩子比较矜持，她也是如此，有点内向，不喜欢张扬。他是很喜欢她的，喜欢她的秀气、她的文静、她的天真。她也是喜欢他的，喜欢他的才气、他的直爽、他的热情，但是她很少表现出来，一直对他不冷不热。

恋爱中的她被他像宠物一样呵护着。每天他总是没有缘由地替她担心，怕她冻着、饿着、不开心或者出现意外。在别人眼里他的这种付出显得很徒劳，但他仍乐此不疲。

他一直很主动。每天下班后早早地到单位门口等她，这种习惯风雨无阻，持续了很长时间。无论他怎么热心、诚恳、执着，她还是不冷不热。这让他每天送她回家后，回到自己的住所都闷闷不乐，不是担心自己哪些地方做得不周惹她生气，就是怀疑自己是否过于殷勤打扰了她的正常生活。

内心深处，她很在乎他的点滴付出，对她而言，他写给她的每一个字，每一首诗，每一封情书都是一个欢快的乐章；哪怕再细微的付出，只要有他的气息，都是一座暖暖的花园，只是她把这种感觉一直深埋心底而已。

他是主动的，她是被动的。蜜蜂吮吸花粉后，还会酿蜜呢，何况有情感的人呢？对她的麻木和无动于衷，他这样想。

他一直忍受着她的被动。她对他的态度让他心灰意懒，似乎自己的尊严受到了伤害。

有一天他带病陪她逛街，走遍了整个城市，她没有买到心仪的东西，心里很烦躁。走到一个十字路口时，红灯亮了，他们为一件小事情吵了起来。片刻绿灯亮了，她负气而走，扔下一句“有本事你就别过来，一直站着吧！”径直走到对面，站在路口，将背影留给他。他傻傻地站在这边的路口，脸火辣辣的热。过往的行人用异样的眼光打量着他和扬长而去的她。

想到自从和她相处以来自己所受的委屈，他感到自己男子汉的那种尊严当着那么多的来往行人受到了莫大的伤害。过了一会儿绿灯又亮了，令他奇怪的是，明明是“红灯”，怎么还有那么多行人和车辆闯过去？他想，如果她让一步走到自己这边来就和她和好。她站在绿灯那边转过身望着对面站着的他，心里想，这个傻瓜怎么这么老实？绿灯亮了怎么还不肯给我让一步走过来。如果他走过来了，我就向他赔不是，今后更好地珍惜他。

他望着她，她也望着他，中间隔着斑马线，谁也没有向前走一步。就这么僵持了几分钟，红绿灯交替着亮了又灭，灭了又亮，两个人始终没有迈开步子走向对方。

最终她含着泪走了。

第二天，他收到了她的信："其实，我心里一直爱着你，昨天在十字路口红绿灯处，我以为绿灯亮了你会让步走过来，当时我就下定决心，如果你让一步，我就一辈子让你牵着我的手，幸福地度过一生，然而你没有。我们有缘无分，还是分手吧。"

读着她沾满泪痕的信，他心里像打翻了五味瓶，涩涩的，酸酸的……

几年后他们在当时分手的十字路口红绿灯处相遇，她早已为人母，他早已为人父。岁月早已改变了他们许多，唯一不变的是那个红绿灯依旧按照规则一闪一灭地变换着。

她说："如果当初你鼓起勇气让一步，说不定今天我们牵着的是同一双手。"他苦笑着说："没有如果了，我在想明明是红灯你还闯过去，说明你决心已定，心里没我啊。"她苦笑着摇头，消失在茫茫人海中。

她哪里知道？他是严重的色盲啊。他们谁也没有让步，美好的爱情就这样错过了，此恨不关红绿灯！

亲爱的朋友，给爱让步，就是为幸福开路啊！当你的爱情因琐事亮起红灯时，你不妨放下架子让一步，幸福就站在对面等着你开启感情的绿灯。

爱是世界的回音壁

有个青年总是愤世嫉俗，由于在学习、工作、生活当中遭遇了许多挫折、误解、仇恨，他的性格和理想得不到别人的理解，渐渐地养成了以戒备和仇恨的心态看待他人的习惯。在压抑郁闷的环境中他很苦恼，感觉整个世界都在排斥他，他度日如年，几乎要崩溃。

他有一种强烈的发泄欲望。多年来这种念头一直缠绕着他，他想在自己所处的环境中发泄，又担心遭遇更多的伤害，他一直压抑、克制着自己的这种念头。越是克制他越烦恼。他因此寝食不安。

有一天他为了散心，登上了一座景色宜人的大山。他坐在山上，无心欣赏幽雅的风景，想想自己这些年遭遇到的误解、歧视、仇恨、挫折，他内心的仇恨像开闸放出的洪水一样，他大声对着空荡幽深的山谷喊道："我恨你们！我恨你们！我恨你们！"话一出口，山谷里传来同样的回音："我恨你们！我恨你们！我恨你们！"他越听越不是滋味，又提高了喊叫的声音。他骂得越厉害，回音越大越长，扰得他更恼怒。

就在他再次大声叫骂后，从身后传来了"我爱你们！我爱你们！我爱你们！"的声音，他扭头一看，只见不远处寺庙里一方丈在冲着他喊。

片刻，方丈微笑着向他走来，他见方丈慈眉善目，便一股脑说出了自己所遭遇的一切。

听了他的讲述，方丈笑着说："晨钟暮鼓惊醒多少山河名利客，经声佛号唤回无边苦海梦中人。我送你四句话：其 ，这世界上没有失败，只有暂时没有成功。其二，改变世界之前，需要改变的是你自己。其三，改变从决定开始，决定在行动之前。其四，是决心，而不是环境在决定你的命运。你不妨先改变自己的习惯，试着用友善的心态去面对周围的一切，你肯定会有意想不到的快乐。"

他半信半疑，表情很复杂。方丈看透了他的心思，接着说道："倘若世界是一堵墙壁，那么爱是世界的回音壁。就像刚才我们的回音，你以什么样的心态说话，它就会以什么样的语气给你回音。爱出者爱返，福往者福来。为人处世许多烦恼都是因为对外界苛求得太多而产生的。你热爱别人，别人也会给你爱；你去帮助别人，别人也会帮助你。世界是互动的，你给世界几分爱，世界就会回你几分爱。爱给人的收获远远大于恨带来的暂时的满足。”

听了方丈的话他愉快地下山了。

回去后他以积极、健康、友爱的心态对待身边的一切，他和同事之间的误解没有了，没有人和他过不去，工作上他比以往好多了，他发现自己比以前快乐多了。

消除仇恨，多些友爱，用善意的心灵与世界对话吧，爱是世界的回音壁。我们友善的声音定会被这回音壁演奏成世上最美妙的乐曲。这美妙的乐曲定能给我们平和的心灵带来更多的快乐和收获。

把爱和美丽“缉拿归案”

夜读作家史铁生的《灵魂的事》，其中的几句话，像扔进心湖的一枚雨花石，荡起层层涟漪，让心久久不能平静。他说：“聪明对于写作是一件好事，正如侦探的本事高超，当然更利于破案，但侦探如果单单乐意走进市场而不屑于巡查心灵，我们就可能只有治安和新闻而没有文学了。心灵不在，即是人的不在，一台聪明的电脑或者大脑便是人或上帝的一次盲目投资。写作是大脑对心灵的巡查、搜捕和缉拿归案。写作不是为了重现记忆中的往事，而是为了发现生命根本的处境，发现历史所不曾显现的奇异或神秘的关联。”

有个大学里的老师，喜欢写作、书法、音乐、摄影，多才多艺的他经常在寒暑假和一帮志同道合的朋友驾车跨越好几个省到内蒙古、新疆的草原、沙漠写生。每当他出外写生，学生都为他提心吊胆，默默捏上一把汗。有时听说某个他所去的地方遭遇雪灾，家人总是彻夜难眠，担心他遇到意外。好几次他们在沙漠里迷路，在草原上遇到凶猛动物的袭击，差点搭上生命。无论家人怎么劝阻，只要有长假，他都要风雨无阻地外出采风。

他说，他喜欢冒险和陌生的地方，草原上云朵般飘移的牛羊，一片片肥沃的草甸，“大漠孤烟直，长河落日圆”的美妙诗意，都会让他萌生葬身草原大漠的念头。每当将镜头对准那些城市里见不到的诗意盎然的美景时，即便身后有狼群袭来，他都舍不得关上镜头。那个美啊，让他殉身几次都不枉。

这种执着和热爱我可以理解。我知道，他是用心在捕捉露水一样晶莹闪烁在草叶上的美，他是用爱在“缉拿”那些在喧闹中无法谛听到的天籁，他是用生命在定格和享受那些夕阳西下时随微风缓缓流动反射着金色光芒的沙粒。这些只能存在于我们想象中遥不可及的诗意，因为他的执着全部变成了丰盛的心灵点心。

还有个业余从事写作的朋友，很让我感动。他在车间里抡大锤，从事着最脏最苦最累的活儿。他说，每当上夜班休息的间隙，看到同伴们抡起大锤将一个个还没成型的配件打磨得有棱有角，大锤挨到配件溅起束束火花的那一瞬间，他感觉自己仿佛置身于一座玫瑰怒放的花园，至于自己工作的脏苦累就成了培育这些玫瑰最好的肥料。我佩服于他这诗意的比拟。我们在为春天的玫瑰谱写赞美诗的时候，他却在钢与铁的激情碰撞，汗水与汗味的炽热糅合中享受着我们眼里所不屑一顾的，他们眼里尘埃上的“玫瑰”所散发的芬芳与妩媚。

想起小时候麦场上的一幕。黄昏的时候，父辈们乘风扬起木锨，将堆在麦场上没有碾尽麦皮的麦子高高举过头顶，使劲一挥，麦皮纷纷扬扬飘向后场，脱尽麦皮的麦子雨点一样密密麻麻地落在麦场上。大汗湿透衬衫的父辈们丝毫感觉不到劳累，乘风紧张地扬完麦子后，坐在像小山一样高高堆在麦场的麦堆上，捧起一小把散发着新麦馨香的麦子，悠闲地咀嚼，夕阳的余晖洒在他们身上，嚼着麦子的父亲像尊气定神闲的佛。脸上洋溢的那份满足、那份幸福、那份喜悦，像五颜六色的油彩，将他们黝黑的皮肤涂抹得光彩照人。

现在想来，父辈们在把用汗水和心血浇灌成熟的麦子收进粮仓时，也在把一种真诚艰辛的劳动所回报的幸福，一粒不漏地“缉拿归案”。

当我们抱怨工作的苦和累时，请站在窗前扪心自问：是否用心欣赏了掠过窗前的一缕清风？当我们感叹人心不古时，请扪心自问：是否用心体会了“送人玫瑰，手留余香”的深刻诤言？当我们脚步匆匆与陌生人擦肩而过时，是否感激了他给你的真诚微笑？

这些，从我们手中悄然滑落的美，像一粒不起眼的种子，把它“缉拿归案”，可能会开成我们案头上一束沁人心脾的花；脚下一晃而过的沙粒，把它“缉拿归案”，可能会堆成供我们高瞻远瞩的台阶；瞬间即逝的一缕风，把它“缉拿归案”，可能会化为我们笔下洋溢人间大爱的一首诗。

这不由得让人沉思一个亘古不变的题目：我们心灵的前途，和我们生命的价值终归是什么？世间的美和爱，并不一定止于一块特定的土地，一个特定的人，而是一种辽阔无比的心情，不受空间和时间的限制，这心情一经唤起，被“缉拿归案”，我们就已经成为无与伦比的富翁了。

把握前三分钟

有个刚从三流大学播音专业毕业的朋友到一家他心仪已久的著名电视台去面试，出发前他担心自己因没有英俊的外貌，没有坚实的关系网，没有很高的学历，没有骄人的成绩而不被看好。为了防止面试被淘汰，他有了一个主意：如果考官问到这些问题就撒谎。

面试时，那家电视台的台长问他：“你喜欢看中央电视台的一些名牌节目吗？在日常交际中你很在意自己的外貌和形象吗？如果你是一个主持人，你认为形象重要还是能力重要？请用五分钟时间回答。”

台长几乎没有太多地涉及朋友事先想好的问题，这大大出乎他的意料。

他显得有点自卑紧张，心里十分矛盾，一直在思考到底怎样回答台长的问题才能使自己胜出。他不自然地整理自己的衣着，一低头才发现由于出门太急扣错了西装的纽扣，把下面的纽扣扣到了上面的纽眼。他脸红了，有点窘迫，慌乱地扣纽扣。扣好纽扣后他回答道："我上学时经常在宿舍的电视里看中央电视台的一些名牌节目。我很注意自己的形象，但我认为能力比形象还重要。"

答完台长的问题后他还阐述了自己对播音工作的一些看法及观点。

他的回答与实际的表现相差太大了。最后他当场被淘汰。台长看了看表，说："前三分钟我在看你的表现，后两分钟我在给你打分，我打分的前提是你的前三分钟。你的纽扣是第一形象，你的谎言是第二形象，你的能力是第三形象。据我所知，你们学校的学生宿舍并没有电视。我曾经在进入电视台的时候也有过和你一样的心理，尽管我经常在电视里露面，外貌也不怎么样，但我现在的愿望不是希望观众接受我的容貌。我觉得一个整形医生说得好：整容只给你三分钟。任何一个人和陌生人相处，前三分钟特别重要，以后的事情全靠你自己了。如果有人说中央电视台的和晶是美女，长得漂亮，其实就给了她三分钟。如果我们连三分钟还把握不好，还能把握后三分钟，甚至一生吗？"

尽管那个朋友没能如愿，但是他学到了在三分钟内学不到的东西。

几年后，我的那位朋友成了那家电视台的著名主持人，他主持着一个收视率很高的王牌节目。

有一次聊天时，他给我说过这样一段话：在为人处世的过程中，前三分钟很重要，第一分钟我们向陌生人展示形象，第二分钟我们展示诚信，第三分钟我们才展示了风度。至于三分钟以后的事情，才是显示我们能力和陌生人给我们打分以及是否愿与我们深交或合作的事情。

仔细深思，有时人生真的很短，不过三分钟的时间；有时一生却很长，仅仅三分钟远远无法度量。

把药裹进糖里

我非常相信母亲说过的一句话：“孩子，尽管药是苦的，但当你感觉到苦口良药无法下咽时，把药裹进糖里，那样会好些。”我的母亲没有文化，只上了两年夜校，仅仅会写自己的名字，能算简单的算数，我感觉我小时候生病，母亲给我说这句话时，她就在算一道算数题。现在我在生活中遇到过一些不如意的事，每当情绪低落的时候就想起她说的这句话：把药裹进糖里。

很明显，这就是一位农村妇女对人生的哲学（尽管母亲不懂什么叫哲学）认识。这也许是她对生活最简洁明了的注解。把生活的痛苦包进一种对苦尽甘来的信仰之中，冲淡痛苦；用微笑擦拭阴霾，在沉重的日子里以积极的心态改变现状；用满腔的热忱把生活的种种负担和磨难换算成对幸福的向往和期盼。这是一道减法，也是一道除法。减去了“药”的苦涩，除去了痛的芥蒂，冲淡了额头那抹愁云。

现在回忆儿时的细节，家里的柜子里的瓷罐里总是储有不多的红糖、白糖、冰糖，每当我们姊妹生病一脸的苦痛状，紧皱眉头时，母亲笑眯眯地一勺一勺把细细的糖均匀地撒进药里，或者用麻纸把药裹进糖里，在瓷罐里放上一刻，然后拿出来。

几片让我们望而生畏的药经母亲一裹，感觉就不一样了，药充满了诱惑，让我们姊妹中没生病的人也想吃上一口。在我们眼里母亲已成了高明的魔术师，她能把苦的东西变成甜的，把可怕的东西变成可爱的东西。

现在父母亲脱离了繁重的农活，从农村搬到了城里属于自己的宽敞明亮舒服的楼房，过上了在农村人眼里幸福、安逸、无忧的生活，过去无法想象、遥远、缥缈的事情成为现实，我想这与母亲的那句“把药裹进糖里”的生活态度和人生信条有着千丝万缕的关联。

“把药裹进糖里”是一种积极的生活态度。再联系到一些含义丰富的词语，诸如苦涩、苦痛、苦不堪言、苦尽甘来、忆苦思甜，苦就成了某一时段、某种遭遇、某种心境、某种期盼、某种信仰的浓缩，而糖则成了汲取苦的汁液后幸福、甜蜜以及苦苦的追求所生成的结晶。如同蚌病成珠，卑微的身躯经历了久病的煎熬苦痛后化沙为珠。谁能相信生活所给予的痛苦能变成光彩夺目的珍珠呢？而事实证明了一切。

没有了苦就无所谓甜，在不如意的日子里给心情加点糖，在苦痛的境遇里给信念加点糖。人生有时就是一种吃“药”的过程，为了追求不同的目标，我们不可避免地会碰到难以下咽的“药”，我们可以直接把药吃下去，也可以把药冲进水里，还可以把药裹进糖里，尽管方式方法不同，但目的只有一个，尽早治愈病伤，实现苦苦追求的目标。裹药的糖减轻了苦痛的分量，在生命之力不济时不妨把药裹进糖里……

备份人生

有个朋友在一家电脑公司上班。公司里许多软件、文件、资料都集中在他的电脑中，他处在一个关键的位置上，如果工作中在某个环节出问题，后果是很严重的。两年下来他给公司创造了不少效益，公司董事会准备提拔他为总经理助理。

一天下午下班后，他接到总经理的一项突击任务，第二天上班前必须按经理给他的策划标书连夜制作好一份重要的投标文件，那个项目直接关系到公司今后的发展，也关系到对他的提拔重用。下班后他顾不上吃饭，废寝忘食地编制文件，丝毫不敢马虎大意，每一个数字、图案甚至标点他都一丝不苟，唯恐有个闪失。到了午夜就在他大功快告成的时候，意想不到的事发生了，公司所在的地区突然停电，电脑突然断电将他精心编制的文件全部自动丢失。遗憾的是，他用的软件没有自动保存备份功能，眨眼间他的心血化为乌有。他在电脑前等了整整一夜，还是没有来电。等第二天恢复通电后，他赶忙按昨夜的创意文案编出文件时，招标方截止的时间早已过去了，他们已失去了投标的资格。

他的一时疏忽给公司带来了巨大的损失。后来他不但没有得到提拔反而被公司以责任心不够强的理由辞退了。他怀着悔恨的心情离开了公司，临别时总经理语重心长地对他说："按能力、学识我们都信任你，但在这个瞬息万变的时代，竞争日趋激烈的社会，光有能力和学识是远远不够的。假如你多一份责任，在制作文件的中途备份那些失去的资料，结果会完全不一样。我们不得不遗憾地做出这样的决定，希望你以后不论走到哪里多给自己备份一个心眼、一份责任，这是非常重要的！"

有一次我和那位朋友聊天，话题无意中谈到一些生活中意料之外的事，他不无遗憾地说："如果我当初给自己备份一份责任，我早已是总经理助理了。从那以后我就时刻提醒自己，无论做什么都要备份人生，备份影响我们的责任、毅力、学识、智慧。"

听了他的故事，我也在心里提醒自己：在生命之电不济时，对付意料之外的厄运最好的办法就是备份人生，在人生的死胡同给自己留一条打开成功之门的出路，接纳躲在墙外的阳光。

被耻笑的理由

有个人，上高中时因学习差而换了两所学校，而且差一点留级。他对老师讲的课不感兴趣，上课时他的注意力全集中到教室外面发生的事情上。

老师们认为他朽木不可雕没多大出息，对他失去了信心，让他放任自流。同学们也经常耻笑他，说他笨，没人与他交往。无心学习的他，在校园里做起了生意。他紧紧抓住课间十分钟的时间，抱着一大摞汉英词典到各个教室做演讲式推销。从最初同学们的一片嘘声，到后来五分钟内他卖出了40多本词典，赚到了一万台币。后来他勉强上了大学，但是没有拿到学位证书。

再后来他拿着十万美元到美国开办高科技企业。如今他是亿万富翁，他现在的身份是美国显示器第一大品牌公司的董事长兼首席执行官。

这个故事让我想起了诺贝尔物理学奖获得者杨振宁博士。有一次他应邀到一所高校做报告，有学生问他："杨教授，你上学的时候是不是门门课都是满分？高考时你是状元吗？"听了学生的问题，他笑着回答："那时我学习不好，是一个差生，有时不少科目还不及格，挨过老师的批评，别人的耻笑。"

的确，那时在别人眼里他们是朽木，因而被误解耻笑，而今天他们成功了，成为国家和民族的骄傲。

丹麦童话作家安徒生说过："只要你是天鹅蛋，即使生在养鸡场也没关系。"每一株普通的小草都有它开花的理由，每一枚平凡的石头都会有发光的时候，只要有适宜的阳光雨露，不断地铁锤斧凿。没开花，没发光的小草、石头肯定遭受过耻笑，但是只要开花、发光的信念不灭，就有一枝独秀、一石璀璨的希望。在人生的道路上我们不可避免地会遇到外界的误解和耻笑，我们不能决定人生的长度，但可以决定人生的宽度。许多时候只要我们找准了人生的坐标，善于发现并经营自己的长处，那些被耻笑的理由就是我们不断向更高目标攀升的力量和突破口。

被拒绝的财富

常常到书店里和设在闹市的书报亭翻书、买书，我发现现在一些出版社和杂志社在图书的包装上动脑筋，许多时尚期刊用塑料封包装杂志，有的还在塑料套里附带时尚饰品、卡通画、小化妆品、碟片等精致的小东西，以吸引读者的眼球，提高发行量和市场占有率。

每次买书报时，我总会看到这样的情景：一些读者兴致勃勃地来买新近上市的期刊和书籍，当他（她）们拿起包装着塑料袋的书刊时，店主立马以警示和不满的口气大声制止："请不要拆塑料套，你拆开后不买就没有人要买了，还容易弄脏书刊。"

听到这样的话，那些读者很是扫兴，脸色立马变得很不愉快，无奈地放下手中的书刊走人。

出版商给书刊套上塑料袋，读者拆封很不方便，给阅读带来了麻烦。如果拆开了并不购买再装回塑料袋，稍不慎塑料袋上的粘贴胶就会黏皱书刊。不套塑料袋的话，读者翻阅反而很方便，如看到自己喜欢的文章或者信息购买欲肯定会增强。

这个现象让我很是感慨。我想读者拆塑料封套的目的无非是为了了解其中的信息和自己喜欢的栏目、文章，这种殷切期待的心情却被一句冷漠的话语给抹杀掉了。而这种期待中蕴含着持久的商机，有着很大的财富潜力，但是最终这种潜力和积少成多的财富却被拒绝了。

智者千虑，必有一失。精明的商家忽略了从细节处关注读者内心的切实感受和需要，把财富和商机固定在封面上的塑料膜、附带品上。一层薄薄的塑料膜拉远了读者与书本的距离，同时也截断了通向财富的道路，这是出版商的一处败笔。

塑料膜在直接隔绝读者内心通向书刊的桥梁的同时，也间接设置了一道制止消费的栅栏。读者损失的是好心情，而商家损失的却是财富！

有时候简洁就是财富，我们何必在与财富无关的环节上做烦琐的表面文章，因此而拒绝能带来财富的心灵，截断通向财富的道路呢？

财富与品质

单位位于街道主干区，主干区有好几家报刊摊，每天下午下班后，我基本上到单位附近的报刊摊买几份晚报、文摘类以及杂文、随笔类的报刊。我轮流在各报刊摊买报刊，有的报刊摊报刊多，有的少，轮流买我可以优势互补，看到全国各地不同的报刊。

有一次周末，我闲来无事在附近的一家报刊摊翻看新近上市的报刊，我翻了好几份报刊，看看目录没有我的文章和所熟悉喜欢的作家的文章，我没有买一份报刊。刚开始报刊摊主人对我笑脸相迎，可当看到我并没有买哪怕三角钱一份的报纸时，他的脸色马上晴转多云。当我转身离开时，他竟然嘟哝：“既然不买，何必翻来翻去？真缺德！”

听了他的嘟哝，我很生气，便转身和他论理：“没有哪部法律强行规定读者只要一翻书店的书就必须买书啊，你怎么出口伤人？”他来了劲，火气更大地破口大骂。我准备和他好好舌战一回，被前来买报刊的读者劝住了。我本来很好的心情一下子被他弄得很糟糕，转眼一想，何必和这些市侩心理很重的人一般见识呢？和这些人论理就等于和自己过不去。我这样一安慰自己，心情顿时豁达多了。

走了几步，我回头一望，那人又和几个只看报刊没有买报刊的读者吵了起来。他这么一吵，几个正准备掏钱买报刊的读者放下手中的报刊都走开了。我在另一家报刊摊买了好几份报刊，因为以前即便我不在那里买报刊，店主也从不给我难看的脸色，反而客客气气笑脸相迎送。

大概一个月后，我经过那家报刊摊，报刊摊早已不见了，取而代之的是一家买冷饮的小亭。后来我从一家书店得知，和我吵架的那个店主的报刊摊因没人买报刊门庭冷落而关门了。这是我预料之中的事情。我想不论哪种形式的消费，首先买的是一种由外而内的心情，其次才是一种由内而外的享受，如果提供这种心情和享受的人无法做到这些，他能赢得什么呢？

财富除了和一个人的体力和脑力有关，与一个人的机遇有关外，很大程度上还与一个人的品质、魅力和对财富的风度有关。乡下有这样一句俗话“金钱是个马屁精”，细细玩味这句话，真的很有道理。如果一个人在财富面前展现出应有的风度和品质，那么财富也会给他展示出更具魅力的风度。

当我写这篇文章时，我粗略地算了一笔账，如果上文中那位给我难看脸色的店主对我态度好一些，按我平均每天在报刊上消费一元钱的额度计算，一个月我就能在他那里消费30元，一年就能消费360元；如果有十个读者在他那里固定消费，他一年就能有3600元的收入啊，遗憾的是他气走的不仅仅是我一个读者！

我们的财富到哪里去了呢？是不是被我们藏在贪婪的心灵深处不肯轻易示人的那部分“品质和风度”偷走了呢？

逼自己走上绝路

我有个好友大学毕业后被一家大企业选中，他多才多艺，书法、写作、音乐、体育样样拿得出手。到单位后他从事政工工作，一天日子过得充实而又忙碌。两年下来，当初参加工作时的激情被世俗的工作磨得失去了棱角。在单位，他喜欢的却是别人反感的，他反感的却是别人喜欢的。整天埋头于文件材料堆中，渐渐地他发现自己的性格不适合干政工工作。他决定考研究生。

刚毕业时他只有大专学历，通过自学拿到了本科学历。以此为起点，考研究生是很难的事，况且跨专业难度系数更大。白天上班时他认真工作。一下班他如饥似渴地埋头于书山题海中，那种对知识的贪婪绝不亚于老鼠掉进米缸。为了实现自己考研的梦想，他常常晚上学习到凌晨一两点钟，饿了就啃一块干面包，困了就用冷水洗把脸，然后以数倍的信心和精力投入到旷日持久的学习当中。

那段时间他只有一个信念：一定考上自己心仪的那所大学的新闻系研究生。在别人眼里，参加工作不到两年，他已官至正科级，而且各方面待遇也不错，完全没必要让自己受如此之苦。第一年考研由于经验不足，他以几分之差名落孙山。当时有人嘲笑他一个大专生直接考研究生太不自量力，也不掂掂自己是半斤还是八两；也有人劝他知足，不要不满足，这山望着那山高。面对冷嘲热讽他不为所动，痛定思痛继续投入到考研的紧张复习中。他像一个上足了发条的钟摆，不敢有丝毫懈怠。

正如他自己所言，他过的是炼狱的生活。为了考研，他没有时间理发，没有时间顾及个人生活的琐事，以至于别人说他有点另类。第二年他以两分之差与研究生失之交臂！更不幸的是，他的单位由于效益不好濒临破产的命运，他妹妹也考上了一所大学，农村出身的他既要照顾年老的父母，又要资助妹妹上大学。巨大的经济压力压得他几乎喘不过气来，但他并没有因此而放弃考研的梦想。

第三年由于发挥失常，他又失败了。成绩公布的那天，他含着泪撕破了让他辛酸的成绩单。就在他把成绩单扔出窗外的瞬间，窗外一只织网的蜘蛛深深地吸引了他。刚织好一张网，来了一阵大风把网给刮破了，蜘蛛并没有因此泄气。卑微的蜘蛛从高处吐出长长的一根丝，很快把自己降到风口。可想而知，只要再来一阵风，网必破无疑。在风口这个绝路上，蜘蛛迅速绕了几圈，把网牢牢固定在窗外的枯枝上。片刻又一阵风刮来，那张网很有韧性地随风飘扬并没有破，把自己逼上绝路的蜘蛛成功了！这一幕，让朋友的眼睛湿润了。一只卑微的蜘蛛能做到在绝路求生，何况有思想和信念的自己呢？朋友这样想。

第四年，他终于收到那所重点大学的录取通知书。当他把这一喜讯告诉我后，他说了这样一句话，让我久久不忘："当你觉得自己不够幸运的时候，把自己逼上绝路吧，所有的不可能只存在于我们的想象之中，当你站在绝路上时，你才会发现厄运颠扑不破的太阳就在头顶。"

这句话可不可以这样理解：没有方向的失败并不一定就能换来成功，但是被信念支撑的绝路常常能够诞生希望的艳阳。

别被一棵草绊倒

有时候，我觉得人就像一只渺小的蚂蚁，默默无闻地在黑暗的地下寻求连接阳光的通道，在忙碌的一生中享受简单的食物。一片叶子、一粒米、一只空虚的昆虫壳、一滴树洞里溢出的水就囊括了它一生的幸福。

当然，蚂蚁的幸福在它终日忙碌的路线中，从一个洞穴到另一个洞穴，从一根树枝到另一根树枝，从一片叶子辗转到另一片叶子，从一条溪流漂泊到另一片河滩。真的，卑微的蚂蚁的命运有时真的很像我们的。

为了得到一块人们掉落在草丛中的琐碎的面包渣，它刚刚爬上一棵草，就在接近目标的时候，突然来了一阵风，将草翻了个身换了个位置，琐碎的面包渣被风吹远了。理想与现实拉开了距离。毫不气馁的蚂蚁，并没有放弃希望，转身、缓慢地寻找，有点执着、有点吃劲，最终它还是牢牢地将渺小的面包渣抱在怀里。

每当想起这细小的一幕，我常常会对被草绊倒的蚂蚁肃然起敬。

想想也是，我们静静地活着，在没有定数的世界里经营着自己的日子和生活，为了一个目标，我们常常遇到一些挫折、失意以及命运不济的遭遇，这些遭遇就像一棵棵横亘在我们面前的草，绊倒我们，使我们的梦想破碎。有的人很可能因此一蹶不振，把这棵草当作伤害自己的锋利的刀；有的人却把这棵草扛成一面大旗，寻找人生的另一个转折、另一种机遇；有的人却把这棵草栽成路标，昭示自己如何从一棵草开始培植生命的风景。

与伟人比，与名人比，与大人物比，我们平凡的灵魂就像一只蚂蚁、一条蚯蚓，在暗无天日的黑暗泥土中，无时无刻都在寻求着通向光明世界的通道，内心的追求不因暂时的黑暗而熄灭，尽管寻找一块面包、一滴露水的道路曲折、漫长，但当我们柔软的触角勇敢地与从我们头顶踩过的脚步对抗，我们柔弱的身躯将拦挡人生幸福、灵魂自由的堤坝洞穿，当大象被绊倒的时刻，当堤坝浑然倒塌的瞬间，世界也会为我们动容！所谓的英雄也难免会为我们卑微的灵魂挥泪！

推物及人，这让我想起矮个子的拿破仑。他以他的意志改变了法兰西的历史。他说过："如果你笑我个子矮的话，那么我将砍下你的头颅！"这不是霸权，而是一种卑微身躯焕发出来的强大力量和自信。

尽管他矮，尽管他遭遇了滑铁卢战役的空前失败，但是至今我们还仰视他，我们仰视的不是他的身高，而是他的魂魄！

别被一棵草绊倒，迈过那道坎，越过那条河，竖起来的草是一面飘动的旗帜。尽管前面的面包干瘪了，但是伏在草旁边的河仍然在流动，拦挡在前面的墙，总有一天会因我们会思想的卑微的蚂蚁倾斜。

一棵草遮不住蚂蚁的眼睛，一条河割不断蚂蚁脆弱的腿，一棵草被蚂蚁连根拔起时会丢下这样一句话：卑微的蚂蚁有时会使铜墙铁壁的大坝崩塌。

不发光的金子

有个青年从一所重点大学毕业，刚开始被一家大城市的事业单位选中后，没过多久他被二次分配到一家下属县级单位。在下属单位，他只是从事一些简单的工作，刚开始他对工作充满了热情和信心，时间长了他发现一个高中生就足以胜任自己从事的工作。他总想干一些引人注目出大成绩的工作，无奈上级从不给他提供发挥自己特长的机会。他满腹牢骚，慢慢地学会了敷衍了事，于是单位里那些不良的习气像细菌一样传染到他身上。他懒懒散散，经常迟到、早退、工作拖拖拉拉、精力不集中，一年下来除了拿到一些在当地还算不菲的工资福利外，他一事无成。而那几个他从不放在眼里的高中生却通过自学考试拿到了大专文凭，他们工作纪律性强，工作井井有条成绩突出，受到了上级的好评。大学里的同学经常从大城市打来电话说，他们得到领导赏识被委以重任，工作很愉快成绩也很明显，听到这些他心里很难过，感到命运欺骗了自己，总是抱怨自己怀才不遇壮志难酬。

空闲时间，他经常到小城郊区的那个名叫广福禅寺的庙宇里去散心。有一天遇到一些挫折后，他向老方丈诉说了自己的苦闷。方丈问他："你觉得自己很有才华是吗？"他点头称是。方丈问他："那你觉得自己在单位发挥了自己的作用吗？"他说："我的工作稍微有点文化的人都可以胜任，我在那个默默无闻的位置上简直大材小用。"方丈微微一笑，拿出一件玲珑的金色香炉说："假定这是一块金子，你怎样才能使它发光？"他说："这还不简单，拿到阳光下面不就发光了？是金子总会发光的，是玫瑰总会发香的！"方丈点点头又说："你说得也对也不对。"他不解。

方丈拿着香炉走到明媚的阳光下，阳光下香炉金光闪闪，很耀眼。他说："我说得没错吧？是金子总会发光的。"方丈不语，径直走到一个见不到阳光的角落里，用手在土里刨了一个坑，把香炉埋了进去。方丈说："现在金子发光了吗？"他说："没有，被土埋没了怎么会发光呢？"方丈接着说："你说得不错。记住，不一定每块金子都能发光。我送你四句话：其一，这世界上没有失败，只有暂时没有成功。其二，改变世界之前，需要改变的是你自己。其三，改变从决定开始，决定在行动之前。其四，是决心，而不是环境在决定你的命运。"他恍然大悟，顷刻间所有的郁闷烟消云散。

喜欢极了童话作家安徒生说的一句话："如果你是天鹅蛋，即使生在养鸡场也没关系。"真的，如果不能拥有美好的人生，就拥有美好的人生观；如果不能改变环境，就改变自己的态度和决心；如果不能发光，就扫除蒙蔽心灵的灰尘和云烟。

找准位置，摆正心态，或许明天你就能发光，关键是你必须拥有"打铁还需自身硬"的功夫，心存"真金不怕火炼"的信念，不要因暂时的困惑阻挡发光的决心。

不可能的可能

3 000美金环游世界，你相信吗？许多人会肯定地说"那是不可能的事"。然而有人却做到了，他就是曾留学英国的31岁的青年朱兆瑞。

2002年，MBA还没毕业的朱兆瑞怀揣着3 000美金开始了他的环球之旅。他在英国留学时无意中从《卫报》上看到了一则启事，大意是《卫报》要招募2名年轻人进行环球旅行，1个人向东走，1个人向西走，所有的费用都由报社支付，唯一的条件是旅行者需每天给报社写一篇文章。在一次和英国学生酒后打赌后，朱兆瑞开始了他的环球旅行。为了最大限度地缩减开支，他将所学的知识运用到实践中，制订了周密的旅行计划，设计了合理的旅行线路。

报社给他提供的3 000美金不包括签证、吃住、旅行团及车、船、飞机交通费用。但这3 000美元的环球旅行也并不像我们所想象的睡车站、码头并节衣缩食的自虐旅行。每到一个国家他都会吃一些有特色的大餐。具体算下来，他每天的吃饭费用在10美元左右。用30%的费用住的是青年旅馆，40%的是星级酒店，其余大部分时间他住在朋友家。靠着这种科学合理的方式他游历了世界28个国家和地区，并参观了世界500强公司。

更令人难以置信的是，在他环球旅行中有一张最便宜的机票，从布鲁塞尔到伦敦，折合人民币8分钱！

环球旅行结束后，朱兆瑞写了一本名为《3 000美金，我周游了世界》的畅销书。前不久，他来到笔者所在的地级市的新华书店签名售书。面对众多媒体和好奇的读者，他说得最多的一句话是：用勇气去开拓，用头脑去行走，用智慧去生活。

他用实践告诉我们：一个人只要有勇气和梦想，环游世界就可以变成现实！

生活中似乎存在这么一种事实：在我们确定一个目标，还没有行动之前，我们头脑中早已形成的太多不可能，它们已像枷锁一样禁锢了我们的勇气、信心和智慧，使许多原本可以实现的目标成为不可能。

原来，在我们抵达目标之前，许多的不可能只存在于我们的想象当中，我们只能看着别人站在理想的高度诉说：没有绝对的不可能，只有相对的不可能——不付出勇气，不坚持目标，不发掘自身的智慧。

让我们与成功握手！

不流泪也美丽

江苏卫视有个女主持人，长得不漂亮但有气质，如果观众仔细观察，就会发现她不但长得不怎么漂亮，而且牙齿还有点撅。这小小的缺陷使她的外在形象有所打折，但是观众却十分喜爱她的节目，我也是，只要有空，基本上一期不落地收看她主持的《服务先锋》节目。

她主持的节目采访对象主要是那些在工作、生活、人生的道路上遇到重大挫折、伤痛、磨难的弱势个体。每期节目主人公的遭遇基本上都让观众掉泪。每当看到主人公掉泪时，我也忍不住都要红一回眼睛。让我感到纳闷的是，面对主人公的泪水，作为主持人的她却没有丝毫伤心、难过的样子，更别说与主人公共鸣掉眼泪了。

人心都是肉长的，作为观众的我们都被主人公感动得掉泪，何况主持人呢？每次看到最伤心的镜头，我总以为她会掉眼泪，可她总是很沉默地、静静地等待着，没有任何掉泪的迹象。这让我不免为她的表现有点遗憾。在我的印象中，大凡这类节目，没等主人公掉泪，主持人早已唏嘘不已，有的为了打动观众，提高节目收视率和故事感染力，甚至还要故意挤出几滴眼泪，给人一种流泪的主持人很美丽的外在感觉。

她的采访足迹遍及省内省外，采访对象男女老少、贫病寡残皆有。无论走到哪里，无论在再恶劣、贫穷、落后的环境里她都能很自然地融入采访氛围，也从不摆架子，有时采访中她与主人公同吃同住，俨然一家人。这些举动让我看得很温暖。她不像有的主持人，昧着良心剥开主人公原本痛苦的伤口，达到自己和节目的目的。节目看得多了，我对她的好感一天天多了起来。每当她的节目播出后，主人公就会得到许多好心人的广泛关注和帮助。

前不久，她和央视的一些大牌主持人一起被评为“全国最受观众喜爱的十大主持人”。评委给她的评语是：她以独特的风格赢得了观众的好评，尽管她不善微笑和流泪，但是她以真诚和温和感染着每一个心存感动、善良的人们。这在日益煽情化、突出个人作用的电视节目中是不多见的，授予她全国观众最欢迎的主持人之一的荣誉，她当之无愧。

真惭愧，和主持人素昧平生的我以世俗、浅薄的眼光度量了她真实的心。我仔细琢磨了评委的话，再联想到她主持节目时的表现，脑子里突然冒出这样一句话：不流泪也美丽！

恕我写出她有点男性化的名字——赵丹军。她不是在用泪水打动观众，而是在用真实的心灵，映照短暂的苦痛过后所能期盼的幸福。

她不流泪是因为她心里在真实地流泪啊！虚情的泪水往往流在脸上，这不但丝毫减少不了那些弱者的苦痛，反而传染扩散了他（她）们的伤悲。而她流在心里的泪水却像一条缓缓流动的河，无声地冲淡着他人的痛苦伤悲，将人性的温暖绵绵不绝地传递，渗透给不同的心灵，让他（她）们看到阳光，看到比苦痛悲伤更广阔的欢乐海洋。

我坚信，不流泪也美丽，这种美丽经得住任何鲜花和掌声的持久考验。

财富时代为谁打工？

香港专栏作家张立曾这样妙论金钱与苦乐：口袋里无钱，心里也无钱的人不算苦；口袋里无钱，存折里无钱，但心里装满钱的人最苦；口袋里有钱，银行里有钱，但心中无钱此为大福。

在杂志上读到这样一句话，醍醐灌顶，云白风清，心胸豁然开朗。人一生下来就注定了今生忙忙碌碌。婴儿饿了就要忙着哭着找奶吃，直到老了我们也要忙着坦然或不情愿地驾鹤而去，让别人为我们的后事而忙。可以说忙是人的宿命，而这种以劳动的形式与生俱来的宿命更是一种不可言说、层次不同的幸福。

为情忙，为爱忙，为工作忙，为事业忙，忙忙忙！为钱累，为财累，为食累，为生活累，为生命累，累累累！被命运这根指挥棒牵引，我们到底为谁而忙？财富时代，我们绷紧每一根神经，如同上足发条的钟摆，被生活劳役。在这个竞争日益激烈残酷的沸腾时代，瞬息万变的世事让我们忙不胜忙，哪有空闲享受生活的闲适呢？想到那些终日为别人为财富而打工的人，一种莫名的悲哀就会由衷地涌上心头。

好像我们都成了财富的奴隶。眼睛盯着遥不可及的财富，身上的汗都来不及流，我们唯恐落后于时代，落后于他人。越是攀比，心理越不平衡，当然日子也就过得越苦。面对财富这个诱人的字眼，有的人让财富为自己打工，过着闲适悠闲逍遥自在潇洒的生活。有的人为财富打工，终日铆足了劲儿，到头来除了过个相对安稳的日子外，有什么活着的乐趣可言呢？一个人对财富的态度实际上就是对生活的态度。

也许有人会说，莫以财富论英雄。而事实上现实确实如此。在这个崇尚财富，一切上纲上线上指标衡量生活质量的时代，耐得住坐冷板凳、耐得住清贫寂寞的人越来越少，懂得享受生活本身的人更少。大到一个国家，小到一个单位集体家庭，形形色色的排行榜，像一根诱人而又残酷的鞭子，赶着我们努力向前，纵然我们有宏图大志，仍感心有余力气不足。为什么一定要听豪迈嘹亮的诸如“人往高处走，水往低处流”“吃尽苦中苦，方为人上人”的口号和教导呢？

当一个人沦落为财富的棋子时，幸福也就离他很远了。幸福就是幸福，是辩证的，它与诸如功名利禄无关，它与你的生活态度有关，它只是你劳动的产物，是你脑力和体力的总和。我们不可能用一把尺子丈量你人生的长度，衡量你活着的质量；也不可能用同一杆秤衡量你存在的分量。你就是你，何必一味强求自己迎合财富时代的喧嚣、热闹、浮华呢？

一人一世界，你的存在就是你最大的财富，你手中真正拥有的一切才是你最终的成就。当懂得拥有财富后享受闲适人生才是幸福的；当没有财富时，保持追求财富的执着精神，你才是自己的主人。

为幸福打工，幸福是一种态度和力量；让财富孵化出幸福，是一种境界和精神。

成功的保险方式

有一次到一旅游胜地游玩。我们六个朋友租了两条橡皮艇，每组三人一条艇。上艇前导游提醒我们务必谨慎一些，在水流湍急河流地形复杂的地方要注意前面的礁石，经常有游客在此翻艇受伤。

那天风浪较大，我们兴冲冲上艇，从河的上游向下划。上艇前我们组和另一组打赌：谁最后到达终点，谁负责付租艇的费用。我们组明确了分工，其中一人负责掌握方向，两人各在一边用力划桨。在向下划的过程中我们小心翼翼全神贯注，每遇到礁石和转弯的地方不敢有丝毫的大意，唯恐有闪失翻艇。每当有浪头打过来，我们全力以赴配合得很默契。站在后面的使劲一闪，让艇头高高翘起来，站在前面的踮起脚尖单腿站立，以减轻对橡皮艇的重压。我们划行的速度很快，这样即使遇到风浪，我们的橡皮艇也能稳稳地化险为夷，礁石、险滩、转弯、急流都被我们巧妙地应付过去了。

在水面相对平静的地方，我们放慢了速度，有的人躺在艇内大声唱歌，有人一手掌舵，一手挥舞着做出各种动作，甚至漫不经心、摇摇摆摆，像醉汉一样。而我则放下桨，放心地将手伸进水里戏水，捞起水面上的浮萍和水草扔给朋友。我们在平静的水面上嬉闹时，另一组的朋友仍谨慎地在我们后面划行，我们笑他们是乌龟。刚开始橡皮艇在平静的水面上缓缓前行，倒也平安无事。就在我们彻底放松戒备时，橡皮艇不知不觉漂到了一旋涡处，突然来了一阵风，掀起巨大的浪头，迎面向我们打来，打得我们措手不及。我们马上慌了手脚，找桨、系安全带、穿救生衣。风越刮越大，浪越飞越高，急促地向我们打来，巨大的浪头箭一般飞来，将掌舵的朋友打了一个趔趄，几乎站不稳了。在旋涡处，我们的橡皮艇随着水流旋转，浪头卷起的水很快灌进了艇内。几股从不同方向刮来的大风一下子掀翻了橡皮艇，我们连同橡皮艇一起被打翻了。幸运的是我们都会游泳，借助救生衣使劲向岸上游去，躲过了一劫。

原以为在险滩处我们的谨慎给橡皮艇上了无形的保险，结果我们却输了。

那天我们虽然没受到多大的伤害，但是在平静的水面上惊心动魄的一瞬给我们上了很深刻的一课。

我们不是跌倒在人生的逆境上，往往跌倒在顺境的安逸中。人生大抵如此。在逆境中我们凝心聚力，保持着如临深渊的谨慎、如履薄冰的警惕，反而没有什么失败的屏障阻挡我们前进的气魄；而往往在顺境的风平浪静中我们放松了这种谨慎和警惕，躺在顺境的温床上安逸地将人生可能遇到的危险和艰难置之度外，结果我们却被突如其来的风浪打倒了，沉浮其中而失败，无法抵达理想的彼岸，摘取成功的花环。

也许对真正的智者而言，不论面对险滩还是坦途，时刻用一以贯之的态度保持人生的谨慎和从容才是抵达成功最保险的方式。

成功的源泉

从前有位探险家，在攀登一座高山时迷了路，长期的探险耗尽了随身携带的食物和水。由于严重缺水和食物，他的生命受到威胁，在饥渴不已四处乱闯的困窘下，他在一间猎人用过的废弃多年的茅屋旁，无意中发现了一口装有手动压杆的水井。探险家狂喜之余，冲上前，用力掀动压杆，眼睛死盯住出水的龙头，渴望能畅饮甘美的井水。他上下掀动压杆许久，仍然不见龙头流出半滴水。剧烈的动作，使得原本因饥渴而疲惫不堪的他，几乎虚脱而倒在地上。打水无望之际，他才发现在茅屋门口有一只盛满清水的罐子。

几近绝望的探险家几乎不相信自己的眼睛，赶忙拿起水罐，正欲狂饮时，目光看到水罐旁还有一行写在石头上依稀可见的字迹：把这些水从注水口倒进去，再摇动压杆，就可汲出井水。探险家终于忍住饥渴，将那罐清水从注水口灌了进去，再掀动压杆，不过四五下的动作，源源不断的井水即由龙头流了出来。探险家装满自己的水壶，也不忘将原有的水罐加满井水，他想，说不定以后还有人用得着，于是他便在原来那行字迹旁加了几个字：请务必要相信这些字的引导。

在人生的道路上，我们要真心相信前人的成功经验。无视自己极度的饥渴，不贪图眼前利益，舍得那罐水，方能拥有全部井水。我们要不停地掀动压杆，别让逐渐上升的水位再降回原处，虽然我们看不到地下管道的水，但我们可以确知它正在逐渐接近水龙头，只要我们不断行动，我们就能喝到甘甜的泉水。短暂的放弃有时候比长久的拥有更重要，成功就像上面的那口井水，不仅仅需要不懈的努力，而且还需要立足长远的耐力。以鼠目寸光盲目地追求，而不冷静地思考，丧失分析远近的眼光，或一心想着拥有而舍不得放弃，那只能渴死在井旁。

成功无顶点

第28届雅典奥运会上有这样一个小故事。

在第一天的气步枪射击训练中，运动员朱启南显得特别急躁，稍微打不好就唉声叹气，自己跟自己生气。可这不是第一次了，自从到了雅典以后，朱启南的心里像长了草一样，老是静不下来，情绪摇摆不定，到处询问其他人的比赛成绩，而这在射击队是不被允许的，因为这往往容易影响运动员的心理。

对运动员的表现和心理明察秋毫的教练常静春找到朱启南跟他谈心，让他心情放松一点，别钻牛角尖，别急躁，要沉稳，更别去打听别人的成绩。但教练苦口婆心的谈话效果并不怎么理想。在接下来的训练中，朱启南的情绪还是不稳定，教练见状破口大骂朱启南："你找打啊！这是在国外，要是在国内我早一脚踹翻你！"

曾经在国内的一次比赛中，常教练也因同样的原因大骂过爱将朱启南半天，朱启南哭得不敢抬头。

听了教练的责骂，心里不是滋味的朱启南心情顿时轻松了许多，训练开始进入正常的状态，情绪调整得很好，射击训练沉稳，效果明显。在最后的比赛中朱启南轻松上阵。最后，19岁的朱启南，这个第一次参加奥运会的运动员打破了男子10米气步枪世界纪录，赢得了奥运冠军的桂冠。

有人问教练，在运动员即将上场参加事关国家和个人荣誉的比赛的紧要关头怎么还敢大骂运动员时，教练眼里流出了泪："其实我心里不想责骂他啊，练了这么多年，毁在自己的情绪或是心理上就太可惜了，因此必须以批评镇住他，激励他走向成功。"

我为冠军不畏强手为国争光的精神感到敬佩的同时，也对高明的教练肃然起敬。作为电视观众的我在想，如果在国内属于佼佼者具有优越感的朱启南在情绪状态不稳定的时候，教练给他不断的表扬会有什么结果呢？

教练的高明在于抓住了这一点：轻易得到的温情表扬很可能会吞噬一颗不断进取的心，而无情的呵斥批评有时候会让人打破人生的极限，给人长久的成功。

让劣势变成优势，让不足转化为长处，这就是批评的力量。给自己一些批评吧，暂时的来自外界的激励和赞扬只能助长不可靠的优越感，而长久的无情批评让我们自警自醒：因为成功无顶点！

成功着力点

大学毕业那年找工作时，我一心一意想找个条件好的单位，小单位我没有放在眼里。同学们一个个找到了如意的工作，而我还在外边为工作奔波。我被许多单位拒之门外，他们不是嫌我学历太低，就是嫌我专业不对口。我饱受用人单位的挑剔白眼和一些人的冷嘲热讽。更为伤心的是，和我相恋了两年的女朋友和我分手了。那段时间我感情受挫、工作无门、亲人生病，遇到了一系列不顺心的事。我显得很消沉。

有一天，一位朋友拉着我到校外散心，路过一处露天广场时，我们被一场精彩的武术表演所吸引。一位武师运足功夫徒手劈开了十块叠在一起的实心砖头，他的表演赢得了在场观众热烈的喝彩，并引得过往行人频频回头。表演结束时，我和朋友走到后台找到这位武师，请教他是如何运功劈开砖头的。武师重新找了十块砖头，亲切地拍拍我们的肩膀，问道："如果你想劈开这些砖头，你的着力点将放在哪个部位？"我们指着砖的中心说："这里，我一定要打在中心点上。"武师笑道："也对，砖架高时的中心点是最脆弱的部位。不过，如果你将着力点放在最上面的那块砖的中心，当你的手掌击中那一点时，将遭受同样大小的反弹力，令你的手疼痛不已。"

我不解地问："那究竟应将着力点放在哪个部位最合适？"武师指着最下面的那块砖的下方说："这里。你把所有的注意力和使力点放在整叠砖的下方的某一点，当你的注意力只看到砖的下方时，由上而下劈砍的手掌就能轻易地通过每块砖，而达到你心里所想的那一点。而你把注意力放在砖的上方或中心时，所用的力只能到中心为止，而无法向下面传递。”说完武师顺手一扬，一掌劈开了那叠砖头。

武师的点化解开了我心中所有的迷惑，给我深刻的启迪。我知道自己问题出在哪儿了。我重新认识自己定位自己，后来找到了一家能够发挥我特长的单位。

生活中，成功者与一般人的区别在于他将眼光放在人生的下方，正确定位自己。一般人却习惯于将眼光放在人生的上方，抬高自己，因而他很难劈开人生道路上的“砖头”。成功者看到他真正所确定的目标，并不在乎自己是否具备足够的能力去实现。当他真正想要达到那个目标时，便会给自己自信，用智慧引导自己通过不懈的努力而掌握足够的本领，然后找到成功的着力点达到目标。

难怪有的人奋斗了一生却两手空空，那是因为他没有找准人生的着力点啊。一个人的成功绝不会超过自己的信念和智慧，找准你人生的着力点，用心凝聚注意力于你真正想要达到的目标之上，用力一击，你就能听到成功发出的响声。

努力画长自己的底线

在一家以文会友的网站上认识了一帮朋友，他们和我一样，大多是业余坚持写作，有的是辞职在家做起了自由撰稿人。这些朋友在期刊界有很高的知名度，有的人的作品接连被国内的知名期刊转载，有的人的作品隔三差五在中国香港、台湾，新加坡和美国的华侨报纸上发表。

如果以“圈子”来界定这些朋友，圈内的几个高手每月发表稿件的数量均在30篇以上，加上作品被转载的次数，多的每月发表稿件的数量远远超过一天一篇，甚至几篇的数量，稿件质量也是一流的。我所知道的几个著名青年“写手”一篇文章转载的次数多达几十次。他们不但在网络上人气很旺，而且在全国的报刊上极具人气。这让我非常羡慕。

相比而言，我一个月写的稿件发表的数量仅仅是他们的一半，有时加上工作、生活的纷扰还不及他们的一半。有段时间，由于工作较忙，应酬也多，加上感情失意，我生活十分颓废散漫，写作一度中断，一个月下来只写了六篇文章，数量很少，质量也很一般。

有天晚上参加了一个可有可无的应酬，原本打算写作的念头被酒精烧得早已成灰。回到宿舍，准备休息时接到西安的一个老师的电话，他问我：“怎么最近在报刊上看不到你的文章？我一直在关注着你啊！”我说：“最近很忙，没时间写东西。”老师问：“真的没时间写吗？还记得鲁迅先生的那句话吗？时间就像海绵里的水，只要肯挤，总是有的。我发现以前经常和你在同一家报刊发表文章的作者比你发得更凶了，你应该向他们看齐啊。”我说：“他们年龄比我长，社会经验和人生经历比我多得多，写出来的文章当然成熟深刻多了。我怎能比得过他们呢？”

听了我的话，老师笑了笑：“先给你出一道‘脑筋急转弯’。一条线如果不把它的两端任意画长的情况下，怎样才能使它变得更短？”

这真是一个棘手的问题，绞尽脑汁百思不得其解。无奈只好央求老师告诉我答案。

老师在电话那头静静地等我的答案，见我答不出来，他说：“何不在这条线的旁边画一条比它更长的线？这样原来的那条线不就变短了？记住，临渊羡鱼不如退而结网。你与之交往的人就是你的未来！”老师的答案让我如梦初醒，被酒精麻木的神经一下子清醒多了。

我感动于老师对我温情的点化和关心。从那以后，我不敢以任何借口给自己倦怠的理由，勤勉地用心行走在文字之间。我在自己的书桌前贴了一张醒目的纸条，上面用红笔醒目地写道：很多时候，胜过自己，画长自己的底线就等于胜过对手。

现在我已接近当初我羡慕的那些朋友。我知道，在与时间赛跑，在与他人赛跑的道路上，我手中可以画出好多条线，但最重要的是用勤勉的双手蘸上信念的墨水，努力画长那条原本很短很短的底线……

诚实永远是重要的

大凡家境贫困上过大学的人都有过勤工俭学的经历。

我的一位同学，在大二那年参加了由校学生会组织的勤工俭学活动。有一次周末，他和几个家境困难的同学到一家公司勤工俭学，他们的任务是替该公司散发产品宣传单，每发出一份传单就可以得到一分钱。和他一起去的同学只领了500份传单，唯独他一人领了1 000份传单。领到传单后，他们在该公司人员的带领下，冒着30℃以上的高温分头行动。

车站、码头、商厦、十字路口，凡是人流较多的地方都穿梭着他们的身影。发传单看起来容易，其实不然。你在大街上发传单影响市容和交通，市容纠察队的就会来赶你对你处罚，你还要提心吊胆地和他们打游击战。有的人拿到传单不尊重你的劳动，看都不看随手就扔了，你还要有耐心地一张一张捡起来再次散发。有的人不但不要传单，反而给你嘲讽和白眼。总之，勤工俭学充满了酸甜苦辣。同学如是说。

发传单时，我的同学发现和他一起去的同学中，有的人给同一个人发好几张传单，有的甚至趁公司的人员不注意时偷偷将十几份传单扔进垃圾箱。这些都是违反公司的规定的。不到几个小时他们的传单发完了，只有我的同学傻傻地站在路口，左一张右一张地散发。有的人劝他不要太认真，反正公司又不发奖金，你何必认真呢？也有的人劝他，趁公司人员不注意时，一下子拿十几张传单悄悄塞进垃圾箱，这样一来既提高了效率，又可以找点别的工作干干。但他并没有那样做，虽然他很缺钱。就这样，他腰酸腿疼地一张一张散发完了传单。

领报酬时，那家公司的负责人问他们："你们是否按规定一张一张散发传单？"那些投机取巧的同学面不改色地回答："按规定发完了。"当他们领到报酬后，该公司的人事主管把我的同学单独留了下来。他说："你们的真实表现刚才我已经听过了。其他人投机取巧，只不过为了维护他们的尊严，我们公司的人员没有说而已。只有你一人最诚实。我们很欣赏你。贫困不可怕，可怕的是面对贫困失去诚实的美德。给生命增加分量的方式有多种多样，但千万不能给自己的诚信'注水'，让自己的诚信因此而打折。你的这种精神对任何贫困而言都是富足的见证。"

最后经理要给我的同学加奖金，却被他拒绝了。他给了我同学一张名片，欢迎他有空的时候来该公司锻炼。

现在我的同学就在那家公司工作，而且担任一个要职。他在给我的一封信中说："诚实永远是第一位的。好比钙，任何时候都缺少不了。给自己补些这样的钙吧，那样你的人生就会经得起任何考验。"

诚信求职

有个大学建筑专业毕业的学生应聘到一家建筑公司当业务员，试用期为一个月。两周后的一天，项目经理让他单独到一家招标单位去送材料。送达材料后，他认识了自己所在的公司的竞争对手，同样是本科建筑专业毕业的一个年轻人，两人谈得非常投机。三天后，那个竞争对手承诺给他5 000元钱，让他提供单位投标材料的内容。那个学生想了想，反正自己刚到新单位人生地不熟的，况且刚毕业比较缺钱，能否中标也没把握，不如答应他好了，这样一举多得，比较划算。最后他给对手提供了公司精心编制的材料。不料，5 000元钱一到手后，他却被公司辞退了。

原来，所谓的投标和竞争对手都是用人单位虚拟出来的，目的就是测试那个学生的品德。

诚信是人生的试金石，尤其是在关键时刻，这块试金石就能彰显做人的境界。现在的用人单位越来越注重求职者的诚信，我常常在报纸上看到这样的消息：人才市场上，许多单位变着花样对求职者进行综合测试，有35%的求职者因没有通过用人单位的品德和诚信测试，在试用期内被辞退，未通过者即便业务能力再高，如果品德和诚信测试不过关，用人单位也不肯聘用。

真的，品德是人的第一名片，第一招牌，如果这张名片不以诚信作为底色，再华丽的陪衬也打不开通向成功的大门，再新颖别致的样式也赢得不了幸运之神的青睐。做人如此，求职何尝不如此呢？

牵住命运的手

有个女孩感情受挫、求职失败后又遭受了一连串的打击，她万念俱灰，决定跳楼寻短见。晚上，她找到一座大桥准备跳河自尽。

她的反常举动被过往行人和家人发现，无论家人怎么苦口婆心劝说，她都无动于衷。她泪流满面，一步一步走向前方。家人和闻讯赶来的警察试图接近她。她大吼道：“不要过来，再过来我就跳下去，我活着有什么意思呢？”她坐在桥栏上，任凭泪水肆意流下。现场的人很清楚，此刻绝不能刺激她。女孩沉默不语，冷冰冰地看着自己的父母痛苦无奈的面孔。

“孩子，别这样，千万不要想不开！”她的父母提心吊胆地劝她。

“我不要听！”她拒绝了父母的劝说。

这时候人群中走出一个高高大大的男孩，他走上前对女孩说：“能听我讲一个故事吗？”女孩面无表情地说：“没必要！”男孩仍不死心地说道：“就给我两分钟，听完我讲的故事后你再跳也不迟。”女孩漠然地答道：“好吧。”男孩说：“三年前我和你一样恋爱失败、求职无望，更为不幸的是，一场飞来横祸夺取了我的双臂。我不但生活不能自理，反而给亲人增添了不少麻烦。我一直很自卑，觉得自己活着是一种负担累赘，于是我和你一样，也坐在了这座大桥的桥栏上。我拒绝了许多人的劝说，就在我准备跳下去的那一刻，围观的人群中一个小女孩天真地问我：‘大哥哥，跳河好玩吗？你失去双臂的时候，为什么不想想有的人连双腿都失去了呢？他们失去了腿脚照样活得很好。昨天晚上，我在电视里看到有个叔叔失去了双臂双腿，他用嘴写的一篇名为《牵住命运的手》的文章还在全国获了大奖呢！’小女孩的话唤醒了我麻木的心，从那以后我振作了起来，潜心学习电脑。现在我学有所成，办了一个电脑培训学校，同时免费给残疾青年培训。去年我被市里评为自强不息的先进典型。你看我现在不是活得很好吗？你有健全的身体，你多幸福啊！”

男孩讲完故事后走了，女孩擦去脸上的泪水起身走向人群……

让命运牵住你的手，你只能任其摆布，迷失方向，看不到广阔灿烂的天空；只有你牵住命运的手，人生才会因你而改变。

仇恨袋

这是大学毕业临走前，来为我们送行的老师给我们讲的一则寓言故事。

古希腊神话中，有一位大英雄叫赫拉克勒斯。一天，他走在坎坷不平的路上，发现脚边有个袋子似的东西很碍眼。赫拉克勒斯踩了那东西一脚，谁知那东西不但没被踩破，反而膨胀起来，成倍地扩大着。赫拉克勒斯恼羞成怒地操起一条碗口粗的木棒砸它，那东西竟然长大到把路堵死了，赫拉克勒斯无计可施，只好坐在路边唉声叹气。

正在这时，山中走出一位圣人对赫拉克勒斯说："朋友快别动它，忘了它，离它远去吧。它叫仇恨袋，你不犯它，它便会小如当初；你侵犯它，它就会膨胀起来与你敌对到底！"

讲完后，老师语重心长地说："学校小天地，社会大文章。你们即将走向社会，难免与别人产生摩擦、误会甚至仇恨。但千万别忘了，在自己的仇恨袋里装满宽容，主动与对方握手交朋友，多替对方想想，然后忘掉仇恨。你们就会少一分阻碍，多一个成功的机遇。否则，你们将会永远被挡在通往成功的路上，直至被打倒。"

没有一种冰不被自信的阳光融化

多年前，那时高考很不容易，在我的故乡，一个城市里的学校有50多个学生的班上，能考上10个就很不简单了。一个落后的村庄就更不用说了，一年考大学的十几个人中间只有一两个人如愿以偿。

我上高三的第一年名落孙山，从此一蹶不振，整天浑浑噩噩，像一棵蔫了的草。一张没有带给我荣耀的成绩单将我隔离在理想世界之外。当时我一气之下想撕碎课本，认命与庄稼为伍，从此不再读书。父亲一直是乐观的，他没有责怪我，默默地拉住我的手，说："孩子别这样，东方不亮西方亮，人活一世三十年河东三十年河西，没有过不去的坎，再复读一年吧，哪里的麦地不长庄稼？！"

那段时间，我每天陪着父亲下地挖蒜、割麦、翻地。休息的时候，父亲总是以他的农村哲学给我灌输诸如“车到山前必有路”“留得青山在，不怕没柴烧”的话，但他从不提及落榜之类的字眼，我知道他在忍受着内心的疼痛，强装笑颜，小心地呵护着儿子可怜的自尊。我在内心深处用消极生活的态度筑起的壁垒，被父亲的安慰一点点瓦解，逐渐崩溃。我可怜的父亲就像一头永不知疲倦的黄牛，一边在生活的阡陌上耕耘着那几亩并不肥沃的土地，一边在生命的田野上守望着我们这些因一时的风雨而倦怠、叹息的庄稼。

暑假过去了，新学期我卷起书本又重新加入到千军万马挤独木桥的行列之中。送我上路的那天，他特意刮了胡子，将脸洗得干干净净，穿了一身平时不怎么愿意穿的新衣服。我知道他是想以这种新的面貌潜移默化地影响他的儿子，希望他以新的成绩来回报他全新的期待。我上车了，他只说了一句：“你肯定能行的！”车开动了，车窗外九月的阳光将父亲结实的身影照耀得格外高大，我鼻子一酸，几乎掉泪，但强忍着没有让脆弱的泪水掉下来。父亲如此相信他的儿子，我还有什么理由不自信呢？

高三的学习是很紧张的，每当想偷懒时，我总是不由得想起父亲的那句话：“你肯定能行的！”于是奋起、埋头、苦学。那年寒假期末考试我考得并不怎么理想。回到家里我如实相告自己的成绩，父亲说没事的。我尽可能地帮父亲多干一些农活，以其洗刷因学习的失误带给父亲的痛苦。

有一次在河边放树，累了，我和父亲坐在河边的一块大石头上，父亲抽烟，我埋头，一脸的心事。看着河面上结得厚厚实实的冰，父亲突然问我：“你知道冰什么时候开始融化的？”我不知他为什么要问这么简单的问题，脱口而出：“天气变暖，气温升高的时候。”父亲笑了，一脸的执着：“不，孩子，你错了。冰看似在一夜之间融化，但实际上是在很早以前，从最寒冷的那一天开始，冰已经融化，只是没有人注意到。你的失败不就是暂时的寒冷吗？没有一种冰不被自信的阳光融化，其实只要你自信，这失败的冰早就融化了。”夕阳的余晖洒在父子身上，脚下看似坚硬厚实的冰在水的起起伏伏中一点点融化。真的，仔细观察确实如此。父亲的意思我懂。

那年七月，我被西安的一所重点大学录取。印证了父亲说的那句话："冰实际上是从最冷的那一天开始融化。"现在，我们度过了最寒冷的时候，幸福的阳光每天都慷慨地洒在我们身上，我知道，没有一种冰不被自信的阳光融化。

桥宽不如心宽

两个年轻人开着车从不同方向驶向同一座桥，其中一个人的车里装满了货物，另一个人的车里空空荡荡。大桥上车辆行人川流不息。车里装满货物的那个年轻人的车速较快，他想一般情况下，轻车应该让重车，另一个年轻人会减速给他让路；开空车的年轻人想，开重车的年轻人会减速慢行，一定会给他让道，便保持车速前行。

桥上车流量本来就很大，两辆车撞在了一起。两人下车后便开始互相指责对方。

"车辆和行人这么多，难道你就不能开慢一点？轻车让重车这点常识你就不懂？"开重车的年轻人开始破口大骂。"难道你就不能开慢一点？路有多宽你的车就有多宽。明明知道自己开重车，你更应该开慢一点，这样才能避免事故。况且人车又多，你就应该谨慎驾驶。"开空车的年轻人怒道。

两人各执一词，互不相让，将车停在桥中间，堵住了过往的行人和车辆。喇叭声、吵闹声、马达声使桥上更加嘈杂。人们纷纷驻足观望，有的上去劝架。一位长者说："都是年轻人，火气何必这么大？互相谅解一下，道个歉不就没事了？桥虽然很宽，但行人车辆较多，难免磕磕碰碰，好比自家的厨房，哪有锅不碰碗的道理？我们大家素昧平生，能够遇见本来就是一种缘分，更应该珍惜。冤家宜解不宜结，来，你们互相道个歉，大家也就好走了。”

年轻人听了长者的话后，口气缓和多了，只是谁也不肯伸出手道歉，四目相对面面相觑，脸上泛起一片片红晕。围观的人七嘴八舌好心劝说，让他们握手言和。

长者拉起他们的手语重心长地说道：“桥宽不如心宽。桥再宽也有碰撞拥挤的时候，路再畅也难免磕磕碰碰。今后你们要走的路还很长，何必为一些小事情过意不去？心宽天地就宽，心窄路也就走死了，哪有什么朋友可言？多一个朋友就多了一座桥梁，多了一股力量，这不是件很好的事儿吗？”

长者的话还没说完，两个年轻人的手已紧紧地拉到了一起，一脸真诚的歉意。围观的行人情不自禁地给他们鼓掌。

人生如过桥走路，路窄了不可怕，只要桥不窄；桥窄了不可怕，只要心不窄。路窄了可以把它修宽，桥窄了可以架宽，心窄了天地就窄了。海纳百川，有容乃大，壁立千仞，无欲则刚。桥宽不如心宽，桥虽宽，但容量荷载有限；心宽，则一切烦恼仇恨皆如过眼云烟。

天地悠悠，唯心宽者常乐。

请你保持微笑

曾经和一帮朋友聊天时，有个朋友出过这样一个谈不上谜语的谜语。他问：“在台湾的博物馆和超市，你会看到这样的标牌——本馆（或者本店）有摄像监视。请问后面的一句话是什么？”

按照我们视野范围内所到过的地方，进过的超市，里边千篇一律地写着命令式的“禁止吸烟”“禁止喧哗”“禁止偷盗，违者罚款×元”等等，全是让人望而生畏冷冰冰的祈使语，我们的回答不外乎上述种种，可是我朋友的回答是：“请你保持微笑！”

出乎意料的答案，让我们不由得沉静下来，而后异口同声地说：“妙，实在是妙！”彰显了人文色彩，既显得从容有风度，又充满善意和忠告。我想台湾博物馆和超市里的管理者并不是以自己的立场要求参观者和购物者做什么，不做什么，他们更多的是以人为本从他人的立场出发，为参观者、购物者的风度、涵养、品位着想，将最美好的一面留在摄像镜头里，而我们身边的摄像头像个猫头鹰一样，捕捉抓拍到的更多的是像偷粮食的老鼠一样作为“罪证”的阴暗面。同样的镜头却有不同的境界和意味，相比之下我们的初衷让自己多么汗颜惭愧！

“请你保持微笑”，请注意这里用的是“请”，且没有加修饰语“一定”，如果在“保持微笑”前面加上“一定”，我想这种温情的关怀、善意的提醒势必会打折。这是一种春风化雨般的渗透，而不是倾盆直下的说教，更容易令人接受。这样的语言传递的是一种文明，而“严禁”之类的祈使命令压制的是一种涵养的彰显和风度的展示。

我不是在咬文嚼字，文字只是一种文化的载体、文明的传承，而人性深处的那部分关爱却是不分贫富贵贱，不分肤色疆域的世界通行证，无论挂在哪里都不刺目，无论何时都不会褪色。

真正的风度并不仅仅全部表现在穿着打扮、举止言行上，有的人尽管一身名牌，但是他职业的冷漠、僵硬的表情、伪装牵强的笑容却反而让人反感；有的人尽管一介布衣，但是他向你流露出源自真实心灵的笑容，你反而觉得他有亲和力和风度。

那些坐在监控室里，桌上放着公文包，翘着二郎腿，手里夹着香烟，躺在老板椅上摇晃着身体，眼睛盯着监控屏幕，企图发现某个从摄像头前经过的人因一念之差而犯糊涂的老板，可曾想到：小小的摄像头里有许大世界？至高境界。谁在温情流向温情，微笑传递微笑的渠道里架设了一道布满荆棘的栅栏？谁将人与人之间原本不脆弱的信任割断？谁将从不同角落流到不同心窝的友爱阻拦？

恶传染恶，善传染善。所以，请你们保持微笑，并衷心希望经过摄像头前的人们不会因为大意，在你们的空间里丢失什么。我更相信，当我们大家都保持微笑的时候，周围的世界像一面干净明亮的镜子也保持着微笑，正对着我们。

让仇恨长成鲜花

杰克和汤姆曾经是好朋友。有一次他们合伙做卖米的生意，有天晚上，他们把米堆在商店外面，那条街上沿街分布着许多米店，大多数店主晚上把米放在外面有人看守。第二天早上他们发现，米少了许多。汤姆记得晚上杰克起了好几次夜，他怀疑很可能是杰克把米转移到其他地方，想独吞。因此他认为杰克占了他的便宜，心中大为不悦。杰克说他没有看见那些米，汤姆不相信，两人吵了起来，杰克忍无可忍，动手打了汤姆。汤姆毫不示弱也狠狠还击，打得杰克鼻青脸肿。从此他们成为仇人，不再往来。

第三天，杰克一大早要到附近的一个小镇去做生意，他推开门发现门口放着一个陶罐，罐里装着几根骨头。按照风俗这是很不吉利的象征，很晦气。杰克想肯定是汤姆诅咒他生意败落放的，他非常生气地将陶罐扔到花园里，就出门了。结果那天他的生意很不好，不但没有赚到钱反而亏了不少本。回到家中，他给院子里的花松土施肥时，无意中看到那个破陶罐，就顺便移了几株花栽了进去。

过了几天，他从外边做生意回来，赚了不少钱，他很高兴地侍弄花草时惊喜地发现，破陶罐里开满了鲜花，这让他很高兴，没想到用来出气的陶罐竟给他带来了意想不到的欢乐。他为自己狭隘的心胸感到脸红，觉得自己当初不应该迁怒于汤姆，应该心平气和地向他解释。他决定主动向汤姆道歉，重归于好。

在去往汤姆家的路上，他的邻居问他说，前一段时间，自家的小孩夜里在外面玩，把一个准备泡药的陶罐和一副兽骨药给弄丢了，不知杰克看见了没有。杰克回家，找到扔在院子里的陶罐和兽骨药还给了邻居。奇怪的是，当他把东西还给邻居时，邻居反而给了他几袋米。杰克感到不解。

原来就在杰克和汤姆把米放在外面的那天夜里，有人要买杰克邻居家的米，晚上停电，黑暗中错把杰克和汤姆的米买走了，等第二天发现时，买主已不知去向。邻居找杰克时杰克已到外地去了，后来就把这件事给忘了。杰克觉得自己错怪了汤姆，他带上从陶罐里采摘的鲜花到汤姆家表示真诚的歉意。

后来他们重新成为了朋友，感情比以前好多了。

有时候朋友之间、同事之间避免不了互相误解，让友谊和感情受伤破裂，因而导致仇恨。最好的方式是不要猜疑对方，更不要恶意去伤害，而是以宽容的心态将这种仇恨栽培成一盆鲜花，让自己心里开花。换个角度和立场替对方想想，时间会证明一切，考验一切。心里开花才能让周围遍地开花，春光无限，结出快乐的果实。这样，真正的友谊并不因误解、仇恨而逊色，反而因海纳百川的胸怀和气度增色不少。

让仇恨长出鲜花是一种大彻大悟的境界，也是快乐的源泉。

在我最不值得爱的时候爱我

上帝是个偏心眼儿，给她并不美丽的外貌，使她个子矮小、皮肤粗糙、头发枯黄，更为偏心的是，给她脸上留了一个很显眼的胎记。没有人愿意和她做朋友，没有人可以体会她的苦闷，她一直活得很自卑、苦闷、孤单。

有一年，公司组织工龄满三年的员工到外地旅游。那些漂亮的女孩子身边总有优秀的男孩子大献殷勤，她们身边不乏欢声笑语，而她孤孤单单没有人陪，似乎整个世界都遗忘了她的存在。

晚上在海边的篝火晚会上，公司组织集体跳舞，她静静地坐在角落里像个灰姑娘，梦想的水晶鞋穿在了漂亮的女孩子脚上，帅气的男孩子争着邀请漂亮女孩唱歌跳舞，而她却像一片凋零的枯黄叶子无人注目。看着别的女孩子和男孩子们手拉着手翩翩起舞，而她自卑得如同折翅的蝴蝶，只能远远地躲在无人瞩目的角落里暗自叹息。泪水慢慢溢出眼眶，她怨恨父母怎么给了她这样一副丑陋的容貌。

"能否请你跳个舞？"她惊了一跳。抬眼一看，天啊！居然是公司里最帅气的他。这怎么可能呢？是不是他们搞恶作剧拿她开心，给她难堪呢？

她满脸通红，低着头轻声地说："我，我，我不会跳舞，对不起。""没事的，我教你，很容易学会的。"他诚恳地做出邀请的姿势。"我真的不会啊，你还是请别的女孩子吧。"羞涩、惊慌的眼神掩饰不了她内心的喜悦，毕竟还有人注意自己。他的诚恳多少点燃了她早已熄灭的自信火焰。他站着不动，笑容像一抹明亮的月光："试试吧，很快就能学会，洒脱些，我来教你。"还没等她答应，他温暖的手已紧紧地握住了她的手走进舞池。

月光下她低着头，像个温顺的羊羔，任凭他牵着手转身、和拍、换步。她不敢看他的脸。他说："放松些，别紧张！"简单的一句话却像她盼了整个青春的一场春雨，轻轻地落在她被自卑干旱得龟裂的心田，软软的，细细的，渗透心底。她鼓足勇气看他，四目相对，他的眼睛如同幽深而又平静的海，让她这只孤单的小船不再飘摇。他说："你脸上的胎记其实很美，就像一片玫瑰花瓣。"从来没有人这样赞美过她。"谢谢！"她低下头回答。欣慰、喜悦、自信像从密封的罐里流出的蜜，不由得打湿她这朵被淹没了太久躲在花丛下面的花。

那一夜，她陶醉在他的气息中，晚上她连手都舍不得洗，手里面有他的汗有他的温度和气息呢。一夜美梦，她有点喜欢上了这个阳光般的男孩子。都说野百合也有春天，她爱情的春天来了。

第二天她见了他，主动和他打招呼，他还是一脸诚挚的微笑。

旅游结束后回到公司，她在工作上比以前更努力了，平时很少参与的聚会她能主动参加，一般人不敢尝试的项目她积极出谋划策，即便一张设计起来十分简单的图纸，她都十分用心地对待。她不再自卑，即便遇到再大的困难，再激烈的竞争，只要想起那晚他说过的那句"你脸上的胎记其实很美，就像一片玫瑰花瓣"，她的心里就多了一缕阳光。后来，她被升职、加薪，成为人们学习的楷模和被人主动结交羡慕的朋友。

令她没想到的是，最后，他和别的女孩结婚了。她以为他是喜欢她的，她哪里知道，那晚他请她跳舞仅仅是为了和同事赌一顿美味的海鲜啊。同事们和他开玩笑打赌，如果她答应他的邀请就请他吃海鲜，最终他赢了。

在他的婚宴上，她心里涩涩的。她不再自卑，尽管心里在流泪，但还是热情地举杯祝愿他们幸福美满。

她感谢他那晚的一伸手，感谢他在她认为自己最不值得爱的时候爱她，因为那是她最需要爱的时候。尽管那份爱短暂如昙花一现，却让一个陷在自卑泥沼里的女孩找到尊严，看到了自己生命里最灿烂的一面。

后来她更加优秀，同事们经常和她开玩笑说：“你并不漂亮，可你是最美丽的。”

恰似那一低头的温柔，让她在月光下散发最动人的芬芳；恰似那阴差阳错的一伸手，让她明白了自信的女人最美丽。

让我们疼痛的那部分

一般情况下，我们生病的时候，如果身体的某个部位的器官不舒服，我们就感到反常，机能不如以前强，经过一番病痛，等身体恢复健康以后我们会微妙地发现，生病的器官机能比以前强多了。一个叫阿费列德的外科医生揭示了这个谜底。他在解剖尸体时发现一个奇怪的现象：那些患病的器官并不如我们所想象得那样糟糕，相反，在与疾病的抗争中，为了抵御病变，它们往往要比正常的器官机能强。阿费列德由此总结出“跨栏定律”，即一个人的成就往往取决于他所遇到的困难程度。正是在与困难的拼搏中，人才一步步强大起来。

看过这样一个火灾报道。一个工厂的宿舍区半夜里发生火灾。当时许多工人在上夜班，仅有几个人在宿舍里，其中有一个年纪偏大、在工厂的食堂里帮忙烧饭的老人。灾难袭来时，大火封锁了消防通道。现场一片混乱。为了求生，没有上班的几个人都争着外逃，其中包括那个老人。等到救援的人赶到现场时，那些快逃到门口的人早已昏厥在地，有的被大面积烧伤，有的被倒塌的梁柱击中要害，当场死亡。等救援人员扑灭大火，清理现场时，才发现在厕所后边一扇破了的窗户边躺着一个人，他是唯一的幸存者，而且不是年轻力壮的青年，而是那个老人，他只是轻微受了点外伤。

这让救援人员十分惊讶，他们根本不相信体弱年衰的他能够逃生。

更让人惊讶的是，他是有一只眼睛失明的人！且腿部有点残疾，平时走起路来一瘸一颠的。

有人问他："当时你怎么想的？"他的回答是："我没有多想，我只是在最短的时间里想了自己平时最留意的地方，因为我只有一只眼睛能看见，平时我就努力记住容易被忽略的地方，比如厕所后面那扇矮矮的窗户，那是一般人不重视的地方，我正是从那里爬出来的。"

有个发现场报道的记者追问他："逃生时你不感到身体疼痛吗？"

"当然痛，但是根本顾不上了，正是因为疼痛，我才不走和他们同样的求生道路，我只想早点摆脱这种疼痛，没想到爬出窗户就不痛了。"

在场的人竖起大拇指，噙着泪连声说佩服。

这个报道和阿费列德医生得出的结论十分吻合。原来，让我们疼痛的那部分，其实是个宝，如果我们把它砌成登高起跳的台阶；有时是副药，如果我们能够汲取其中的养料。

我们不是跌倒在自己的"疼痛"上，恰恰相反，我们是跌倒在自己的健康上。身体再健康，如果没有"疼痛"，我们也会摔跟头啊。让我们疼痛的那部分是上帝赐予我们的一只手，在关键时刻拉我们一把，扭转局面，实现目标。

总有一些时刻属于自己

在一家饭店看到这样一副对联：为名忙，为利忙，忙中偷闲，且喝一杯茶去；劳心苦，劳力苦，苦中作乐，再斟两壶酒来。

那天晚饭后看到这副对联，我心中长期淤积的郁闷瞬间烟消云散。真的，我们常常感慨自己活得很苦，过得很累，因为我们的眼睛总是紧紧盯着上面，盯着一些遥不可及、与心灵和生命的闲适无关紧要的东西。我们常常以物质的丰缺、名利的高低来衡量幸福的尺度，可是有了名利我们并不一定能够真正幸福快乐，我们仍然要不断地忙碌、奔波、劳动。而真正能让我们感到幸福的是当下的那份实实在在的拥有，比如忙中偷闲的一杯茶，苦中作乐的两壶酒。

一位在政府机关当科长的朋友风趣地给我讲过这样一件小事。他每天与没完没了的呆板枯燥格式化的公文材料打交道，每天被官话、套话、空话、废话包围。上班的时候，他的每根弦都绷得紧紧的，没有一天不感到疲惫。有一次他写材料写久了，头皮发麻、四肢僵硬。他上厕所时顺便带了一张报纸。在短短的几分钟时间，他从一张报纸上浏览了一些轻松的幽默漫画、给人启迪的心灵小品、短小精悍的故事。他从中发现了生活的乐趣，上厕所的短短时间竟给了他前所未有的乐趣、闲适和收获。

从那天起，他的心态大不一样。后来，他经常利用上厕所的时间看一些自修的书和自己感兴趣的书报。现在他一直保持着这种习惯，他说，这些时刻属于自己，是谁也无法剥夺的，尽管很短，但意味却很长。目前，我的这位朋友已通过本科自学考试，正在报考研究生，他说成绩的取得离不开每天数次的“上厕所”。

在不多的时间里，他把工作的重压变成人生的闲适，他把紧张的学习变成轻松的享受，他把人生的负数化成进步的正数，他在单调的环境里发现了生活的乐趣。

有一天中午，我在菜市场门口看见一个蹬三轮车的老人，他把车停在路边的一片树阴下，斜躺在破旧的三轮车靠背上抽烟，抽着抽着，他竟然睡着了。他睡得很安详，脸上的倦容依稀可见，手里的卷烟着完了他浑然不知，被烟熏得发黄的手指夹着燃烧完了的烟把，烟灰悄然落在他洗得发白的衣襟上。

我驻足细细观望这个老人，他闭着眼睛露出笑容，他的笑容很真实、很满足。也许他在做梦，梦见了一天的劳累带给他的不多的收入。闹市的吆喝、车辆行人的喧嚣似乎离他很远很远，烈日的毒辣、盛夏的高温仿佛与他无关。他在现实主义的生活中仍然做着浪漫主义的梦。这一幕让我看得很温暖、感动、佩服。

我想，不论是朋友上厕所的时刻，还是三轮车夫在闹市小睡的时间，这些都是属于他们心灵的时刻。朋友在方便的时候寻找着人生的突破口，疏通着被压抑环境堵塞的幸福的出口；车夫在小睡的时间里化解着生活的重担落在肩膀上的压力，积蓄着让家人生活得更好的力量。这些时刻对他们而言是或多或少的时刻，朋友选择了让心灵闲适的“多”，多学习、多轻松，放弃了名利增加；车夫选择了让身体轻松的“多”，多休息、多享受，淡化了收入上涨。但是，正是这种源自真实心灵的多少换算，满足了他们从从容容的追求，平平淡淡的幸福。

总有一个角落属于我们，用来安放疲惫忙碌的心灵以及追求进步的力量。

总有一些时刻属于我们，用来换算触手可及的幸福以及储存生命的闲适。

可是这些全被我们向上的眼光忽略了，被我们复杂的头脑放弃了。

利用缺陷创造财富

城里有个锁匠先天残疾，驼背驼得非常厉害。他行走起来时有点像骆驼，人们叫他驼子。驼子拜师学艺，学完后在城里黄金地段开了一家专业卖锁、修锁、开锁、配锁的店铺，并起名为驼子锁行。这个名字招来了许多人的非议。有人说原本身体有缺陷还起这样一个难听的名字，能吸引人吗？也有人建议驼子再起一个比较健康的名字。还有人鼓动驼子起个“名家专业精修锁行”的名字。这些建议都被驼子否决了，他坚持要用驼子这个名字，他说要充分利用自己的缺陷致富。

刚开始创业时，很少有顾客光临他的锁店。有的担心矮小的驼子开锁时不方便，带来安全隐患；有的对驼子的手艺持怀疑观望态度；有的竞争对手甚至从中作梗教唆人们不要到驼子那里修锁。

时间长了，人们慢慢发现驼子为人很诚恳，手艺也不错，售后服务很好，慢慢地，驼子的名气一天天大起来，他的诚信和技艺受到顾客的一致认可。

有一家大型企业的保险柜钥匙折断后，负责人请了许多开锁的师傅去开锁，锁还没打开时，他们打听里边有什么贵重东西，当听说有巨额钱币和急需的重要合同在里边时，有的人就打起主意让企业负责人给他们一笔可观的酬金。锁还没有打开开锁师傅就漫天要价，这种行为引起了企业负责人的极大反感。后来企业负责人抱着试试看的态度请驼子开锁。驼子没有问保险柜里有什么东西，很快灵巧地开了锁。且他的收费远远低于企业的预料，企业负责人对驼子的职业操守十分敬佩，他们给驼子送了一面锦旗。

这事被电视台获悉后，电视台《百姓人家》节目派记者专程来采访驼子，驼子因此名声大振。一些邻近城市的顾客慕名前来聘请驼子为他们配锁、修锁。

短短的时间内驼子的业务越做越大。一些同行竞争对手开始眼红，他们纷纷把自己的店铺搬到驼子附近，有的还准备更名为“大驼子”“小驼子”，企图傍驼子的品牌壮大自己的业务。驼子从中发现了商业危机，他立马到工商局注册了“驼子”品牌，先人一步捍卫自己的品牌。那些对手只能望尘莫及。

为了巩固自己的品牌和地位，驼子请人设计了独特的名片，上面印着他丑陋矮小的形象，图像上他正驼着背跪在地上专心致志地开锁。上面写着这样一行字：让我用身体的缺陷开启你生活的烦恼。

这别出心裁大打缺陷牌的名片使驼子的生意比从前更火爆。现在驼子招收徒弟广开业务办起了一家锁厂，实行产、供、销、修、开一条龙服务。城里的党政机关、大企业、饭店、宾馆和驼子签订合同，驼子成为城里的百万富翁。

驼子对记者说过这样一句话："上帝只给了我驼子身体的缺陷，却没给我智慧的缺陷，当他用失误关闭我人生的大门时，我用缺陷开启成功的窗子。"

驼子通向财富的道路正是一条变劣势为优势的道路。一个体格健全的人，只要智慧之门被关闭，再强健的身体也避免不了缺陷，因为这个世界上最大的缺陷不是体格的缺陷，而是智慧的缺陷！

每天变笨一点点

古人说"大智若愚，大音希声"。在这个电脑取代人脑，键盘取代笔墨，高度信息化的时代，人人都希望自己每天变聪明些，再聪明些。于是有的人削尖脑袋，往官场里钻，有的人往书本里钻，有的人往钱眼里钻，但结果是越聪明的人活得越疲惫。

我想，我们应该变笨一点点。笨不是庸庸碌碌无所作为，不是故步自封，不是不思进取，而是一种简朴的个性回归，是一种聪明的极致，一种拙朴的收敛。

猴子在月光下彼此抱着打捞水中的月亮，地上奔跑的狗追逐着天上的云彩，我们笑它们笨拙，然而，这种笨本身就是一种执着追求的乐趣。地里埋了数万年的陨石外表看起来丑陋笨拙，等科学家发现它的价值后，它竟是那么光彩照人！

笨不可笑，可笑的是我们以世俗的眼光对待它的态度。笨并非不可取，可取的是蕴藏于其中的那份潜力。笨并不卑微，卑微的是我们因为“笨”而对人生丧失信心的想法。

笨就像石头间的火种，只要持之以恒地打磨，它必定能发出火光，点亮人生的漫漫黑夜。笨就像不起眼的煤球，尽管没有钻石般的光泽，但是它却在燃烧的过程中散发出光和热。笨更像羞羞答答藏在花蕾后面的叶子，修饰着花绰约的风姿，但是最先枯萎的不是叶子，而是花瓣！

人人都喜欢聪敏，唾弃笨拙。聪明处处得到宠爱、尊重和支持，但笨拙并不见得没有丝毫风采。生活中往往存在这样的现象：笨拙的人最不容易受排挤、嫉妒和打击。古人说“君子讷于言而敏于行”，木讷是表象，而敏捷则是这个表象结出的果实，试想，如果人人都聪慧，而看不见笨拙的影子，那么这种聪慧还有存在的意义和价值吗？就像外表粗糙、坚硬丑陋的核桃，如果不剥掉壳，我们也就无从领略核仁的甜美。

万丈高塔起于垒土。倘若人生是一座在岁月的风云中不断提升自我海拔的高山，那么，笨就是基石。一座巍峨的塔不仅仅需要钢筋水泥和美观的瓷片做支柱和装饰，还需要用厚实稳固的石条做基础。

笨是我们血管里的一种矿藏，既要开采也要保护。因为保持了一种笨的禀性，我们就会变得坦然，对名利纷扰不去追求，不去争夺，让自己心胸变得豁达，同时也让自己避免了聪明的伤害和挤压。笨就是这样一种精神：“咬定青山不放松，立根原在破岩中。千磨万击还坚劲，任尔东西南北风。”这种精神通常在不动声色中让我们的生命之树挺拔成一树独特的风景。

每天变笨一点点，就是让自己保持一种“众人皆醉我独醒”的状态；就是像愚公移山般明明知道太行、王屋两座大山不可撼动，但仍以恒久的耐力和信心向岁月的风风雨雨昭示一种傲骨和坚韧；就是像卑微的精卫鸟一样，虽然大海浩瀚无边，但仍然以小小的喙里微不足道的石子向大海展示一种笨拙的胜利。

每天变笨一点点，快乐幸福多一点。我们需要为笨拙喝彩，因为笨拙本身就是一种聪明！

人生不过三两分钟

有天上午上班时，一个同事掏出手机忽然问："你们的手表几点了？"经他这样一问，其他的同事有的拿出手机看时间，有的看手表，有的看电脑上的时间。最初发问的同事手机显示时间为9点35分，我的手表显示时间为9点37分，另外两个人看到的时间分别为9点39分、9点34分。

这让我们很奇怪：每个人的时间都有差别，彼此相差两三分钟。实际上最准确或者说基本准确的为从电脑里查到的时间。我们都活在时间的误差之中，但是个个浑然不知，在接近或者错误的时间里生活、工作。

是的，每个人总是与别人相差那么几分钟，而正是这相差的几分钟像一把标尺，丈量着我们对生活的态度和人生的深度。我一直觉得人与人最大的差别在于对时间的态度。财富的差别总有一天会消失，谁也不可能一辈子拥有，也不可能带走。但是，只有时间，也只能用时间来衡量一个人生命的长短、思想的深浅。彰显一个人品质和成绩的往往就是相差的那么两三分钟。

上班迟到几分钟，不会有人批评；下班早走几分钟，不会有人责怪。（以打卡机考勤上下班的除外）因为我们都可以用一个堂而皇之的理由来开脱：我手表的时间没有错啊。而实际上呢？我们一直就活在自以为是的错误中。

如果一天不知不觉错上那么几分钟，那么按一周、一旬、一月、一季、一年算下来，差别是十分惊人的！这是十分恐怖的事情。我认为这样的生活就是对人生的一种敷衍，说得严重些就是一种对生命的犯罪！如果上面的话有些严峻、冷酷无情，那么用作家方莹的温情语言来说就是："醉过方知酒浓，爱过方知情重，生命中有些事你错过了一时，也许就错过了一世。"

说得多好啊。时间真的像一把利剑，如果把握得当，就会助我们披荆斩棘，抵达梦想的台阶和高度；如果把握不当，最终伤害的不是别人，正是自己。等错过了，失去了，命运不会给我们开出后悔的处方。它是很吝啬的。试想，一个不珍惜自己的人，谁会珍惜他呢？

我们既是自己的医生，又是自己的病源。如果一个人因为虚度年华或者浪费时间而感到痛苦不安，那么他的灵魂就接近成熟了，像一颗在漫漫风雨中苦苦守候阳光的果子，当这颗果子从枝头掉落的那一刻起，秋风会给它最公平的回报恩赐，让它在生命的轮回中，拥抱一粒种子的信念，沉默着度过风霜严寒后在春天的土壤里爆出一片希望的叶芽。

这些时间上的误差就像一根无形的绳套，悬挂在我们背后，等误差达到极限时，它会给我们一个致命的说法。

那天和同事们对照自己的时间后，我心里猛地震了一下，提醒自己：在自以为是的时候，请随时校正生命的秒针、分针、时针，小小的针尖上有天壤之别的境界，因为人生往往不过就那么两三分钟……

人生的几个伙伴

人生有这样几个伙伴陪我们一路同行。

与善良为伴，邪恶就无从插队。人生路上一路花香阳光。善良是沾着泥巴的金子，常常在被时间洗去路上的泥巴时焕发独特的光芒，为我们赢得友爱和快乐。

与真诚为伴，虚伪就无从落脚。真诚是抵挡虚伪的盾牌，任何穿着华丽外衣、戴着面具的心灵休想穿过这个盾牌达到自己的目的。

与智慧为伴，愚蠢就无从拦截我们不断超越自己和现实的思想。

与无聊为伴，空虚就会乘虚而入，有害细菌一样侵蚀生命之树，使不断攀升的青蔓绿叶生病枯萎，当然也无花来也无果。最终我们收获的只是一些枯枝败叶。

与倦怠、懒惰为伴，生命中的一些诸如自信、勤奋的积极因素，在不知不觉中被倦怠懒散同化。好比一团污油流进一片漂浮着莲花、芳草的洁净而生机勃勃的水域，不但污染了水质，而且会导致美好的鲜花芳草死亡。到头来我们一事无成，只能庸庸碌碌虚度一生。

与自信为伴，自卑就不会成为成功道路上的绊脚石。自信是一把治疗自卑之疾的手术刀，割除扩散致命物质的毒瘤，有了健康自信的心态，就没有什么拥抱不了实现不了的梦想。

与勇敢为伴，怯懦就不会成为前进道路上的拦路虎。过人的气魄和胆识必将让我们披荆斩棘一往无前，抵达理想的终点。毛主席说过：“一切反动派都是纸老虎。”可不可以这样说？一些看似顽固强大身披盔甲的拦路虎腹内空空如稻草人，只要敢于鼓起点一把火的勇气，一切纸老虎片刻就会化为灰烬。

与美丽为伴，丑陋就无从侵入。试想，哪个往美丽边上靠的心灵不蕴含摄人心魄的力量？美丽就像香水，不经意间洒上几滴，就会感染一片，给我们意想不到的收获。

人生有许多伙伴，有好伙伴，也有看似可靠实际上不可靠的坏伙伴。当好伙伴向我们招手时，千万不要吝惜你的双手，坦然、真诚、勇敢地伸手去握，一握天地宽，再握心扉甜，这种力量恒久远。

当坏伙伴向我们招手时，要警惕其手中暗藏的不易被发现的暗箭和锐器，伤手、伤心、伤脑。铺满希望的人生之路会被其打开一个窟窿，让我们连同好伙伴一起跌入陷阱，葬送自我，葬送未来，掩埋成功！

人生的另一面

一

不要相信诸如“失败是成功之母”之类的说劝，成功前不一定就要失败，失败后也不一定成功。失败就像一个孕妇，有时会难产甚至流产，当然“成功”这个儿子也就保不住了。重要的是自己要有清醒的头脑，注意不要让眼睛老去，学会捕捉藏在人生风景里的机遇。如果失败扇你两个耳光，说不定转个方向就得到一个热吻。

二

有一种自卑叫自信，有一种跌倒叫站起，当你昂首挺胸准备迈进一个你不熟悉的新的门槛时，别忘了低头。

小门槛也会跌大跟头。

三

对于人生的不幸和挫折，拿得起是一种自信，放得下是一种解脱。能够拿得起放得下是一种生命的平衡。找到拿起放下的最佳支撑点，路就宽了，心也就明了。

风不能把阳光打败，是因为风是暂时的，而阳光则是永恒的。风中亮出自己的旗是多美的一幅画卷啊。扛旗的人必定有一颗柔韧坚强的心。

柔韧能适应风向，坚强能改变风力。

四

当你决定做一件大事时，不要等所有的条件成熟了再付诸行动。计划没有变化快，等条件成熟了，你已没了做大事的力量、条件和信心了。

五

一份工作、一份事业起点低不可怕，能力差不可畏，热爱是最好的老师。如果你还不够自信，就看看安徒生童话里的丑小鸭是如何变成白天鹅的。

六

大目标固然可叹可敬，小目标未必低能渺小。聚沙成塔，积水成渊，试想金字塔如果没有最底层的石块，能成为世界奇迹吗？人生的高度是个相对概念。对于想成就大事业者而言，最大的忌讳就是眼高手低，对于从事平凡工作者而言，最大的杀手就是自卑。自暴自弃的时候，多想想超人李嘉诚刚开始从穷苦的塑胶工作起家，比尔·盖茨还没拿到大学毕业证书。

不积跬步，无以至千里。千里也好，万里也罢，每一小步都是很重要的。

七

有志者立长志，无志者常立志。梦想天上掉馅饼，有时候等来的却是沙尘暴。珍视每一个值得心动的瞬间，把握每一个细微的机遇，过好每一个平淡的日子，才是最关键的。

八

当你觉得自己的鞋子不够漂亮时，世界上还有一些人已失去了脚。

天地悠悠，唯知足者常乐。

九

在你所有的衣服中你最不喜欢的那件，也许质量最好。时间能淘汰一切，也最能说明一切，唯独不能淘汰你跑在前面的那双腿。

质量胜过数量。速度胜过时间。

十

走的独木桥多了，胆子就大了，但生活中我们不是跌倒在独木桥上，而是在宽阔的大道上。

十一

鲁迅先生说过“人生得一知己足矣”，这种对朋友数量的最低要求便是对友谊质量的最高期待。

十二

对你笑过的人你很快能把他（她）忘记，对你哭过的人，你会记他（她）很久，甚至一辈子。有时候泪水比笑容还有穿透力。

十三

谈恋爱就像猴子摘玉米，总以为最好的在后面，到头来两手空空。原来最可口的，不一定是棒子最大的、颜色最诱人的，而是最适合自己胃口的那个。

十四

不要抱怨父母的唠叨，那是你感情的原野里最美的花朵，最美的音符，欣赏时间有限，千金难买。

十五

市场里买甲鱼的人舍不得吃甲鱼。官场上抽烟的人不买烟，买烟的人不抽烟。赛场上付出最大努力的人不一定就能拿到冠军。

莫以胜败论英雄，莫以位置定高低。

十六

大智若愚，大音希声。人生的本质往往凸显在它最残酷细微的一面。就像一个内部生理有缺陷的人，穿上华丽的服饰后我们看不到他任何缺陷。

人生最大的需要是什么？

有这样一个传说：

从前，阿迪河畔住着一个磨坊主，他是英格兰最快乐的人。他从早到晚总是忙忙碌碌，生活虽然艰难，但他忘不了每天像云雀一样欢快地歌唱。他乐于助人，他的乐观豁达带动了整个农场的人，以至于人们能从很远的地方听到从村子里传出的欢声笑语。这一带的人遇到烦恼总喜欢用他的方式来调节自己。

这个消息传到国王耳朵里，国王想，一个贫贱的磨坊主怎么有那么多欢乐？他生活贫穷需要财富，他田地贫瘠需要良田，他生活忙碌需要轻松。国王决定拜访这个磨坊主。国王走进磨坊后就听到磨坊主在唱："我不羡慕任何人，只要有一把火我就会给人一点热；我热爱劳动，我有健康的身体和幸福的家庭，我不需要任何人的施舍；我要多快乐就有多快乐。"国王说："我羡慕你，如果我能像你一样无忧无虑，我愿意和你换个位置。"磨坊主说："我肯定不换。你只知道需要别人，而从不考虑别人需要你什么。我自食其力，因为我的妻子需要我照顾，我的孩子需要我关心，我的磨坊需要我经营，我的邻居需要我帮助，我爱他们，他们也很爱我，这使我很快乐。"国王说："你还需要什么？"磨坊主说："我希望别人更多地需要我。"国王说："不要再说了，如果有更多的人像你一样，世界该多么美好啊！"

——这是小时候老人们用来教育我们多替他人着想时讲的故事。

记得上大学时，每逢周末，我们几个舍友经常一起打篮球。每次打篮球我们总会看到一个衣着朴素的老头，静静地站在场外边看我们打球，我们把他当作清洁工没放在心上。每当我们的球出界时，他总会微笑着不用我们说"劳驾"就把球捡起来抛给我们。一次两次八次十次，他一点儿也不感到厌烦，反而捡球的次数越多他越高兴。有一次我们打完球后问他需要点什么，我们想请他喝可乐。他笑着说："最大的需要是被需要。我只希望你们能给我捡球的机会。只要能为别人做点什么，我心里就感到高兴，仿佛自己年轻了几岁。"此后，我们每次打球只要他在场，我们就会故意让球多出界，以便让他给我们捡球。后来在报告厅听一次关于人生价值的讲座时，我们才发现主讲人就是给我们捡球的老头，他是我们学校的老校长！当时，我们心里既感动又愧疚。

人生的道路上最大的需要是什么？两个故事说明了一个道理：不是金钱、美女、香车乃至一切身外之物，而是被需要。这是我们的快乐之源。需要是一种索取，被需要是一种忘我的付出和满足，它使我们在实现社会价值和个人价值的同时，也常常带给我们意想不到的欢乐。在为人处世当中我们尽管大量地给他人以鼓励、帮助和掌声，但那些东西在我们本身是不会因为“给予”而减少的，反而我们给别人的越多，自己得到的就越多。许多人被我们铭记在心，就是因为他们奉行了“最大的需要是被需要”这一原则。我们刻意追求快乐，许多快乐就像天上的彩虹，光华夺目，但这只是一种幻觉，只有在生活中我们满足别人或社会的某种需求时，它才会显露原形，让我们有意想不到的收获。

剪掉那朵美丽的花

家里养了两盆花，一盆比较名贵，一盆比较廉价。每当有空闲的时候，我经常给两盆花松土、施肥、剪枝，遇到天气好的时候我就把花拿到阳台上，任阳光温暖的手掌温情地抚摸硕大的绿叶。有时出差在外，我会打电话到家里提醒母亲别忘了给花洒水、松土、施肥，唯恐照顾不周使花生病。

廉价的那盆花开得不多也不好看，但花期很长花很香；名贵的那盆花开得很少，但是很娇艳。两盆花相比，一盆是寻常百姓家的女儿，一盆却如同宫廷中的玉女。时间长了我便有点偏心，给名贵的那盆花施肥、松土、浇水的次数多一些，对廉价的那盆花却冷落了许多。

有一次亲戚家的孩子来玩，不小心打碎了廉价的那盆花，我准备把它扔了，父亲执意不扔，他说不如把两盆花合二为一，栽到一起算了。他信手把那盆花栽到了花盆较大的名贵花的盆里。

大概一个月后，我发现名贵的花几乎遮住了不起眼的那枝花，只要有亲朋好友来我家做客，对那盆“鹤立鸡群”、一枝独秀的花都赞不绝口，对不起眼的那枝花却绝口不提。名贵的花越开越艳，一个劲地疯长。有一次我请一位园艺师朋友到家小聚，他一进门就对那盆花产生了浓厚的兴趣，他从不同角度欣赏了一番我精心照料的花，然后摇摇头。他说：“你还是剪了那朵美丽的花吧，难道你没有发现，那一枝独秀的花早已压迫得另一枝花没有展示自己美丽的空间吗？它吸取了大半养料，使原本可以长得很美丽的另一枝花无从绽放。你引以为豪的花却是一种隐形的杀手和束缚别的花自由发挥的桎梏啊！这是园艺界最大的忌讳。”

后来我真的剪掉了那朵花。我发现，随着时间的推移，以前很不起眼的那枝花却愈发鲜艳美丽，生命力越发强盛，晚上常常释放出淡淡幽雅的花香，使室内洋溢着一股清香。原先被许多人称赞的那盆花却渐渐失去了往日的娇姿和艳丽，没过多久便枯萎了。

这个有趣的现象引起了我的深思。我在想，为人处世，我们身上引以为豪的那些优点和长处，是否也是耀眼夺目却隐含致命危机的美丽花朵呢？我们深深厌恶不予重视的缺点和劣势，是否如同那没有艳丽色泽的平凡之花呢？如果我们狠下心来，舍得剪去自己的优点之花，投更多的人生智慧来转化自己的劣势和不足，我们生命的青藤上必然会开出没有炫目色彩却能结出更多丰硕果实的花。

从那以后，我深信，大凡在人生的舞台上不得志却取得非凡成就的人，往往很少开过艳丽的花儿。他们没有昙花一现的绚丽，也没有被人太多地称颂，却能在最严寒的季节里，以青松般挺拔的傲骨展示卓尔不凡的风景。

愧疚少年心

高考那年我刚满18岁。高考过后的第三天，我向父亲要了一百块钱到县城农贸市场批发了一些蔬菜，租了一个不大的摊位，再以高于批发价的价格将所批的菜卖出。这样一来可以积攒学费，锻炼一下自己，二来填补自己内心等待高考成绩的空虚。

刚开始我不大会卖菜，既不会叫卖，更不会以甜言蜜语拉拢顾客。在那些老练的菜贩队伍中我显得很幼稚。一大早批好菜，不到两小时的时间别人的菜已卖出了一半，而我的菜只卖出了几斤，少得可怜，照这样下去，我肯定会亏本。看到别人，顾客还没到摊位前，早已满脸堆笑走上前，一句“老板，想要点什么？我的菜保证新鲜，不新鲜不要钱”说得顾客连连驻足一脸满意。我有点急躁，我想迈出摊位拉顾客，可刚迈步时总觉得双腿有如灌铅一般，难以迈出。我也想学着别人大方热情地叫卖，可嘴没张开，脸早已通红，额上渗出一层细细密密的汗珠。一天下来腰酸腿疼，我赚得钱却少得可怜。

大约半个月后的一天中午，太阳火辣辣地晒得我的菜几乎要蔫了，我找了一块湿布将菜盖了起来。没有人肯光顾我的摊位，我无聊地翻起学过的语文课本，能否考上大学我心里没底。如考不上我决定来年再战，争取实现自己的大学梦。正当我看得入神时，一个怯生生的声音问道：“哥哥，青椒一公斤多少钱？我买12公斤。”我抬眼一看，是一个个头不高，年龄有十五六岁的少年。大热天他里里外外穿得很厚，有毛背心，还有厚棉衣，厚棉衣与他瘦弱的身体显得很不相称。他满脸灰尘，头发乱得像野草，汗渍将他的衣服领渗得又黑又皱。一看便知道是大老远从山里来的。

我问他："大热天穿这么厚的衣服准备去哪里？"他说："跟村里的人到很冷的格尔木打工背麻袋。"我有点吃惊，他单薄的身体能背得动一百多斤重的麻袋吗？我问："你怎么不上学了？"他有点不好意思，低着头说："上到高一，家里没钱供我上学。听村里的人说到格尔木背麻袋一天能挣20多块钱。等我挣够了钱我就回来上学。""背一条麻袋多少钱？你能挺得住吗？""听说背一条麻袋4角钱。我想村里比我小的人都能吃得消，我应该能挺得住吧。"我边问边给他挑一些好一点的青椒。

很快我给他称好了菜。我过秤时他没有看我的秤，他拿起我的课本看了起来。他从贴身衣服里翻出一个小布包，里边有毛币也有5元、10元的，不是很多。他付钱时我出于好奇问他："你怎么不在别人的摊位买菜，偏偏选择了我呢？"他一脸真诚："别人满脸的笑里掩饰不住狡诈，我看你专心致志看书，不主动拉客，我想你肯定是个很用心的人。爱看书的人肯定有一颗善良的心，我怎能不信任你呢？"他说话的时候我的摊位上一下子围上来好几个顾客。他们在菜摊上挑挑拣拣，看到晒蔫的菜便准备到别处买菜。"买他的菜吧，这位哥哥是个学生，学生不会骗人的。"他站在旁边插了一句话。他的话起了很大的作用。那些挑剔的顾客纷纷买我的菜。

"哥哥，我的菜一共多少钱？""12公斤12元钱。"他付过钱，把菜装进蛇皮袋子就走了，走了几步他回头大声对我说："哥哥，祝你早日考上理想的大学！"我忙着给顾客称菜，连声招呼都没来得及打，他早已消失在人流之中。

晚上回到家，我清点了一下当天的收入，当天我进了一百斤菜，除去本钱，按常规我应赚10元左右，怎么一下子多出了6元呢？我一个个回忆起当天买了我的菜的人，突然我想起来了，由于我一时疏忽，将另一个顾客的12斤菜当成少年的卖给了他，无意中将他的12公斤菜给了那个顾客，我傻眼了，不安地度过了一夜。

第二天一大早，我接到学校的通知，我的分数达到了大学录取线，学校让我早点赶到医院去体检。我本想到菜市场去找那个少年，说不定他还没走，可学校的通知里说如错过体检时间，后果自负，我只好风风火火去体检。下午体检完后，我连饭都没顾上吃，饿着肚子径直从医院奔往菜市场。我一走进菜市场，隔壁卖菜的对我说："上午有个年纪十五六岁的男孩来找你，他被一个满脸横肉的汉子揪着耳朵，在市场里找了你好半天。我问他找你有啥事，他始终不说。那个自称是工头的汉子说你骗了那个男孩的菜钱。我问那个男孩是不是真的，他说没有，他说他相信你不会骗人，你肯定一时大意报错了斤数。没等到你，他被工头扇了两个耳光，拉上了拖拉机走了，听说要去很远的地方。上车时工头当着那么多人的面扬言要扣他几天的工资。"我眼里蓄满了泪水。

那年九月，我收到了大学录取通知书。在开往古城西安的火车上我心里一遍又一遍想象着他单薄的肩膀扛着沉重的麻袋一步一步吃力地上坡的情景。无辜的少年啊，当你为了你那只有一面之交的哥哥在菜市场的信誉而忍受着本不该有的斥责和打骂时，当你不惜牺牲自己的尊严保全他的形象时，当你为了6元钱而付出背15个麻袋，并且被克扣好几天工资的代价时，那个有负于你的所谓的哥哥却走向了美丽的大学校园。

那一年在大学里的成人宣誓仪式上，我在心里对自己说："以一颗愧疚的心宣誓自己成人吧，在今后的道路上，不负于自己，不负于任何一颗善良的心。"

那个至诚至善的山村小弟弟，当你稚嫩的肩膀被生活的重担磨出老茧时，我在远方默默自责：原谅你那个只有一面之交的哥哥吧，好人一生平安，祝你早日步入梦想中的象牙塔！

第二章

穿透灵魂的微笑

这个世界上最强大的力量不是枪支弹药，也不是飞机大炮，而是爱，那种不论在危难环境下还是在安逸条件下，人与人之间同呼吸共命运水乳交融的爱。

穿透灵魂的微笑

一次暴雨引发了山体滑坡，随之而来的泥石流狂泻而下，迅速流向坐落在山脚下不远处的一个小村庄。农舍、良田、树木，一切都没有躲过被冲毁的劫难。

滚滚而来的泥石流惊醒了睡梦中的一个14岁的小女孩。流进屋内的泥石流已上升到她的胸部。小女孩只露出双臂、颈和头部。及时赶来的营救人员围着她一筹莫展。因为对遍体鳞伤的她来讲，每一次拉扯无疑是一种更大的伤害。此刻房屋早已倒塌，她的双亲也被泥石流夺去生命，她是村里为数不多的幸存者之一。

当记者把摄像机对准她时，她始终没有叫一个“疼”字，而是咬着牙微笑着，不停地向营救人员挥手致谢，两臂做出表示胜利的“V”字形。她坚信政府派来的营救人员一定能够救她。可是，营救人员倾尽全力也没能从“固若金汤”的泥石流中救出她。小女孩始终微笑着挥着手，一点一点地被泥石流淹没。

在生命的最后一刻，她脸上流露着微笑，手臂一直保持着“V”字形。那一刻仿佛漫长如一个世纪，在场的人含泪目睹了这庄严而又悲惨的一幕。世界静极了，只见灵魂独舞。

死神可以夺去人的生命，却永远夺不去生死关头那个“V”字形所蕴含的信念和精神！常常在生命边缘蕴含着震撼世界的力量，让人生所有的苦难如轻烟般飘散。

世界上最坚强不屈的灵魂是在苦难中微笑着、高扬着信念旗帜的灵魂。

从容是金

日本有位禅师叫白隐，他被人们尊奉为一个过着纯洁生活的人。一天，住在白隐附近的一个还没出嫁的美丽女孩，被人们发现怀孕了。女孩的父母非常生气。起先，女孩不肯说出那个孩子的父亲是谁，费了好多周折，她说出了白隐的名字。女孩的父母愤怒地去找白隐，白隐面不改色，他并没有做太多辩白，面对无理的责骂，他唯一的回答是："是这样的吗？"

孩子出生后，女孩的父母要求白隐抚养孩子，讥讽、谩骂、诋毁，像雨点一样向他袭来，他从没说过一句为自己开脱的话。

几年后真相大白，孩子真正的父亲是一个在鱼市工作的年轻人，而当女孩的父母向白隐道歉时，白隐说："是这样的吗？"

好一个"是这样的吗？"我国古代禅师寒山和拾得有这样一段对话。寒山问拾得："世间有人谤我欺我侮我轻我笑我贱我，如何处置？"拾得曰："只要任他让他避他由他耐他不要理他，再过几年你且看他！"

闲看庭前花开花落，漫随天外云卷云舒，是一种何等的从容；海纳百川有容乃大，壁立千仞无欲则刚，是一种何等的达观！生活中，我们在为人处世过程中，避免不了别人的误解、指责和诽谤。每当面临这种情况时，我们往往急于辩白，结果却恰恰相反，有时候越辩白，情况越糟糕。我们何不说句"是这样的吗？"也许结果会好一些，一句从容达观的话可化干戈为玉帛，化敌意为友情。

从容是金，需要人生磨难和不幸的锻炼，误解和诽谤就像狂沙，常常会掩盖金子的光芒。千淘万漉虽辛苦，吹尽狂沙始到金。世事洞明皆学问，人情练达即文章。人生的许多大道理朴素得如同一抔泥土，无须用太多的鲜花来点缀，绿叶来衬托。

花开花落去无留意，蜂来蝶去宠辱不惊的从容是人生的一种境界。当我们陷入被误解的泥沼时，不妨说句“是这样的吗？”我们最好能保持一种平静的心态，就像一座活火山，岩浆并不因地表的重压而停止流动奔腾，只要活得有度量，人生的本色绝不会因误解而消损，反而会因此增色不少。

错过彩虹不能再等日落

一个人的某件特殊的往事，就像旗帜一样直接影响着他将来的方向和命运。记得上初一那年，我们从村里的小学到二十多里外的城里读初中。城里要比单调的村庄热闹繁华多了，许多新鲜的事情常常不经意间渗透到学校。比如听流行歌曲，同学之间互相交换收集卡通画片，还有年少的同学偷偷学着大人的样子在学校里抽烟。对于从乡下走到城里的我们而言，一切是那么新鲜、好奇，富有诱惑力，包括偷偷抽烟，总觉得那是一件潇洒、成熟、很有风度的事情，少年不知愁滋味的我总想加入到城里同学的行列，和他们一起逃课、抽烟、听流行歌曲，以此提升自己所谓的“品位”。

初一、初二时我的学习成绩尚可，在班上属于中游水平。都说“近朱者赤，近墨者黑”，两年过去了，渐渐地我和城里的同学打成一片。初三时我学会了背着班主任和家长，跟着城里的同学一起逃课、抽烟、听歌。时间长了，我的学习成绩直线下降，尤其是理科，每次考试都不及格。我不以为耻，反以为荣，似乎跟着他们，自己的身份和形象就提升了一大截。

有一次课间操时，我们在操场做操，回到教室后，班主任让我们几个经常在一起的同学站在墙根，他问我们有没有做什么违反校规的事情，我们一本正经地回答："没有，只是有时课上偷偷听单放机里的流行歌曲。"班主任拿出一包烟问："这是什么？马国福，你解释清楚！"

天哪，竟然是我偷偷藏在书包里刚买的烟！那是我用父亲给我买作文书的钱买来的。我马上明白了，班主任在做操的时间搜查了我们的书包。他狠狠地教训了我们一顿，并让我们在下午放学之前将检查送到他办公室。

那天我一直忐忑不安地上课，中午写好了检查，深刻反省了自己的过错。在检查的最后我写道："尊敬的班主任，请你原谅我，我会好好学习，从此不再违反纪律。同时请你替我保守秘密，不要告诉我的家长，否则我会有失学的危险。"下午放学前，趁班主任办公室没有其他人的时候我将检查送了过去。班主任板着脸孔问："你知道，你抽烟的时候你的父母亲在干什么吗？你知道你父母亲送你上学有多不容易吗？你知道，为你的学费你的父母亲要流多少汗，吃多少苦吗？"班主任仔细看了我一笔一画工工整整写的检查，苦口婆心地教训着我，我红着脸，低着头，手不停地上下揉搓裤子的中缝直线。班主任越教训越动情，说得我眼泪像断线的珠子，簌然而下。窗外下起了大雨，我的心早已凉透了。

片刻雷阵雨停了，班主任拉着我的手语重心长地说："我相信，你的本质是好的，只要你改正，肯用功学习，我会替你保守秘密的。如果你再犯类似的错误，我就要告诉你家长！走吧，回家吧。"班主任和我一起下楼，在我回宿舍的路上途经操场时，班主任指着天空远处的彩虹问我："看见了吧？彩虹是多么美丽，不久它就会退去，被夕阳和黑夜代替。你的基础本来就差，和你一起从农村考来的学生有的甚至不如你，但现在他们早已超过你了，如果再不加把劲儿，你就更落后了。错过了彩虹，再不能等待日落！我相信你会进步的。”

纸里终究包不住火。最终我抽烟的事情被父亲知道了。他找到班主任了解我的情况，以此证实我的错误。当时父亲气急败坏地当着班主任的面和我说：“如果你再抽烟，就跟我回家！”班主任说：“你的孩子还是一个不错的学生，只是有点贪玩。那次我从他书包里搜出的烟是别人为了逃避检查放在他书包里的，他不抽烟。”我心目中的父亲是从来说一不二的。班主任解释的时候我手心里都捏了一把汗，这关系到我的学业和命运啊。班主任善意的谎言既呵护了我的面子，又维护了父亲的尊严，我的心湿润着，当时有种想流泪的感觉。

后来我和那些不求上进的同学断了来往，再后来我顺利考上了高中，直至大学。

现在我有了一份不错的工作，那时和我混在一起的同学有的没读完高中就辍学，有的走上了犯罪的道路，有的成为下岗工人。每当我安静地写文章的时候，我就会想起班主任那一句刻骨铭心的话：错过了彩虹，再不能等待日落！

那雨后的黄昏和绚丽的彩虹一直定格在我的脑海中。

道德的觉醒

有个青年家里一贫如洗，遂到南方一发达城市打工。他求职时，许多用人单位拒绝了没技术、没文化、没文凭的他，最后他只能从事简单机械的体力活儿。他用身上仅有的借来的几百元钱买了一辆三轮车，每天给一家饭店送货。

有一天晚上，送货途中他违反交通规则，由于车速过快，逆向行驶的他将一位拾荒的老人撞倒，老人倒在地上血流如注，不省人事，他自己也摔成重伤。在好心人的帮助下，他和老人被送往医院急救室，住院需要押金，他将几千元货款交了押金。晚上医生告诉他，老人的伤势很严重，需要几万元手术费，请他想办法通知家人筹款。几万元对一个月只有三百多元勉强度日的他来说无疑是一个天文数字。到哪里筹集这巨额的医药费呢？躺在床上输液的他心急如焚。

最后他乘医务人员不注意的时候，拔掉针头悄悄跑了。他潜回饭店匆匆换掉衣服，谎称家里有急事需要钱，向老板预支了三个月的工资，然后连夜在那个城市销声匿迹。

他不但用掉了饭店的货款，而且拖欠了医院的巨额医疗费。

他在另一个城市过起了流浪的生活，每天早出晚归求职，但结果很不理想。眼看预支的工资快要被花完了，他将希望寄托在街头的彩票点上，每天他都花两元钱买一注彩票，这样雷打不动地坚持了一个月，幸运的是有一天他竟然中了几千元的奖。兴奋不已的他在城郊租了一间小小的店面，办起了两元超市，利润很低。时间长了，他发现住在城郊的大多数是外来的打工者，他们十分垂青他的两元超市里的小商品。于是他扩大了店面规模，又租了一间店面，打出零利润的旗号，又用不多的钱雇了一个打工者。很快他的零利润超市因为物美价廉赢得了大批外来打工者的青睐，他以规模制胜，许多供货商以低于他人的批发价给他的零利润超市供货，两者互惠互利，赚的钱越来越多。他独特的经营理念逐渐成就那个小区独树一帜的超市，一个月下来他竟然能赚到几千元钱。他走遍了那个城市的城郊地带，发现因为许多超市商品价格贵，外来的打工者舍近求远到大型批发超市购买所需的商品，他从中发现了商机。

他冒着风险从劳动力市场雇了几个工人，拿出全部的资金在打工者云集的城郊结合部开了几家连锁零利润超市。一个月下来他的利润竟然比原先翻了一番。一年后他已拥有了近十万元的积蓄。

有了钱，他的心里很是不安，不知为什么，每天晚上盘点收支时，他心里都有刀割的感觉，脑中总是不由得浮现当初自己撞人从医院逃逸的情景。他赚的钱越多，这种负罪的感觉越强烈。这让他寝食不安。他决定到那个城市去赎罪，缴纳拖欠的医疗费、老板的货款和预支的工资。

在医院里，他长跪不起，深深地忏悔，向老院长讲述了当初一贫如洗的他悄悄逃逸的原因。医院原谅了他的过错。他缴纳了所欠的医疗费，并向医院捐了几万元钱，以解救那些无力付费治疗的病人。

老院长拉起他深情地说："一个人生理麻木不可怕，可怕的是良知麻木；一个人有了过错不可怕，可怕的是道德的沦落不觉醒。我建议给你的捐款起个名字，你认为起什么名字好呢？"他如释重负地说："就叫复活责任救助金吧。"医院工作人员一致通过了这个命名。

回去后他将超市的名字改成"复活零利润超市"，生意越做越大，效益越来越好。

看多了、听惯了种种逃避责任的故事，我心里涌起一种强烈的声音：最好，人人都懂得忏悔，让濒临麻木的心灵生出爱的萌芽；最好，处处都有良知的觉醒，让弯曲的道路直抵爱的角落。

等信的父亲

自从有了手机，我很少给父亲写信，我基本上每星期给在千里之外的父亲打电话汇报工作、生活、写作的情况。有时晚上给父亲打电话，父子俩在电话里聊天一聊就是半个多小时，最多的一次聊了一个多小时，直到手机余额不足因欠费被电信局强行中断。那次通完话手机已发烫了。刚参加工作的头两年，我基本上每个月给父亲写两封信，慢慢地收入多了，有了手机，写信的频率就低了，有时是一个月一封，甚至几个月一封。

每次给父亲写信，我主要是把新近发表的稿件一篇不落地复印后寄给他，对他而言，看儿子的文章是一种莫大的幸福，远远胜于二两烧酒给他的短暂的安慰。如果我一星期之内没有新文章发表，他比谁都急，有时我晚上在电脑里写文章，正写得入神的时候他就会打我手机。我一看是家里的长途电话就赶忙把电话回过去。父亲的开口语是“有新文章发表吗？”我说：“正在写。”他赶忙说：“哎呀，打扰你了，对不起，对不起，实在对不起！那我挂了，你安心写吧。”以这种口气说话的他像个做错了事情等待老师批评的小学生。还没等我把话说完，他早就把电话挂了。

有一段时间，我忙于自己出书的事情，将近两个月没给他写信，每星期打电话也是三言两语，说的话十分有限。每次通话，父亲不变的主题就是问我有没有文章发表，有了就尽快邮寄给他，他说读我的文章他总是感觉自己年轻了几岁。这些年，在我们姊妹的一致努力下，我们给父亲在城里买了套楼房，把父母亲从土地和繁重的农活中解脱了出来。我浅薄地认为，对于一个与文化沾不上边的农民而言，读几篇文章远远抵不上几袋麦子给他的实惠，可父亲偏偏非常喜欢读我的文章。

出书的事情全部忙好后，我给父亲写了一封信，一次性寄去了十几篇最近发表的文章。九月初《青年文摘》卷首语转载了我的一篇文章，我打电话给父亲说有空可以先到书店去翻翻，等收到样刊后我再复印寄给他。那天中午他兴奋得不得了，饭都顾不上吃就出去了。晚上母亲打电话给我说，他看到了那篇文章，而且一字一句念给母亲听了。高兴的同时，父亲有点不高兴，在书店里由于他只看不买被书店的人斥责了一番，他解释说：“这是我儿子写的文章！”书店的人笑他：“你儿子写的文章有什么了不起？全国写文章的人多得是，比你儿子写得好的人多得是！”父亲气得竟然和书店里的人大吵起来，被围观的人劝住了。

我可以想象得出六十岁的父亲在来来往往的车流中一颠一颠蹒跚着脚步（父亲腿有骨质增生）走向书店的情景。为了早点看到儿子浅薄的文章，他宁可忍受别人的奚落，宁可不要自己的尊严也要坚决捍卫儿子的名声，这是多么令我心酸！

有一次和母亲聊天，她说："收到你的信不到一星期，你父亲明明知道你不会在短时间里再来信，但他还是每天都要跑到传达室问询有没有他的信。不论白天黑夜，只要一有空闲，他就不分昼夜地看你的文章，有的文章他装在口袋里，磨得起了毛茸，褶皱的文章他用透明胶布黏了起来。现在他几乎能把你的文章背得出来。"我的眼眶瞬间热了起来，有点难过，有点自责。

现在我又恢复了每星期给父亲写信的习惯，即便没有新作发表，我也会给他说一声我仍在坚持读书、写作。

一封信负载的不仅是几句凝聚亲情的话语，更多的是寄托着一位父亲最大的希冀和期待。我知道，父亲等待的不是一封简单的信，他是在等待儿子每天的进步和收获啊。

动物界的哲学

最强大的爱

央视午间新闻曾播放过这样一则新闻。科考人员将驯服了两年的野马放归到人烟稀少的准噶尔草原。两年后，科考人员发现，回归大自然的野马，家族观念和团队保护意识得到很大的增强。为了验证这一结论，科考人员慢慢接近10个野马群，当科考人员靠近野马群时，野马群在最短的时间内围成一个铁桶形，头朝里面，屁股朝外，挥动尾巴，做好了战斗的准备。当野马群发现科考人员无意伤害它们时，它们又掉头迅速排成"一"字形，整整齐齐缓缓跑向前方。

播完这个镜头后，央视又切换了以前拍摄的在动物园里被驯服的野马群对待入侵的画面。当有人接近野马群时，它们很惊慌，四散奔逃，没有丝毫抵御入侵的举动。

最后专家解释说，在恶劣的自然条件下，为了抵御外界的入侵和伤害，野马群自觉地凝聚了一股强大的团队力量，铁桶形的队伍可以有效地保护整个群体。每当有外界力量入侵时，它们可以用后蹄狠狠还击，使入侵者敬而远之。在没有任何危机的动物园里，野马群的抵御能力逐渐下降，团队意识无法凝聚成强大的攻击力，当然要受到伤害了。

这个现象和具有社会属性的我们很相似。为什么在艰苦危难的环境中我们能够形成合力应对困难战胜厄运，而在安逸舒适的条件下我们就不能同甘共苦呢?

这个世界上最强大的力量不是枪支弹药，也不是飞机大炮，而是爱，那种不论在危难环境下还是在安逸条件下，人与人之间同呼吸共命运水乳交融的爱。看来，一个人，一个团队，只要心中有爱，胸怀他人，就战无不胜。

最盲目的爱

在我的故乡青海高原的农村里，多年前几乎家家户户都养羊，其中以产羊绒的山羊居多。山羊比起绵羊调皮多了，绵羊在山坡上安静地吃草时，山羊总是跳来跳去，从这个山头跳到那个岩壁，从那个岩洞钻到这个岩洞。

记得有一天我和伙伴们放羊，晚上回家时要经过一个深沟。深沟两端是峭壁，如果不从旁边的羊肠小道转过去，直接跳过去是很危险的。那天下午我们赶着绵羊和山羊混合的羊群准备转过去。可是走在前面领路的山羊站在峭壁上就是不肯转下去。领路的羊站在岩壁上向后退了几步，攒足了劲儿，突然箭一般地从这边的岩壁飙了过去，跟在后面的山羊看到前面的头领跳了过去，便学着头羊的样子向后退了几步，然后向前飙，不幸的是，跳到半空中快要跳过深沟时，掉了下去，结果那天摔死了我们两只小一点的山羊，摔伤了好几只大一点的山羊。

那时总觉得，山羊有点小聪明的同时很可悲，但深层次的道理不太明白。现在想来，尽管领头的羊为了节省气力，带领小羊通过捷径抵达目的地是一种爱，实际上这是一种盲目的没有方向不计后果的爱，是一种彻头彻尾的伤害。

诚然，爱是相互作用的。任何一种爱，如果在出发点就弄错了方向，那么它只有两个结果，要么南辕北辙，要么两败俱伤。

放手的永恒

黄昏雨过天晴，他们牵着手顺着峡谷向下游漫步。山洪呼啸着从上游滚滚而来，沉浸在爱情之中的他们浑然不知。山洪击倒树木的肆虐声、恶浪拍岸的咆哮声惊醒了他们。突如其来的灾难使他们意识到了目前的危险处境。他拉起她的手向高处跑去。

水位直线上升淹过他们的脚，直至膝盖。汹涌澎湃的波浪使他力不从心。急流冲散了他们。她被洪水卷走。她扑腾着拼命呼救，他奋力向她游去，恶浪一波未平一波又起，将不会游泳的她浮起又沉下。天黑了，没有人能听见他们的呼救声。幸运的是，他挣扎着在急流中抓住了她的手，向岸边游去，更幸运的是一根顺流而下的木头碰了他一下，他迅速抓住了这根救命的木头喊道："亲爱的，快，抱住木头！"他的提醒给了她力量，她挣脱他牢牢抓住自己的手死死抱住了木头。两个人一人抱住了木头的一头。遗憾的是木头太轻了，一头大一头小，不能负载两个人的重量。她抱住的是木头的小头，他抱住的是木头的大头。她有点坚持不住了，开始下沉，他随着波浪漂漂浮浮，如果不和她换位置，后果不堪设想。他大喊道：“亲爱的，让我和你换个位置。坚持住，不要放手！”他趁木头起伏的一瞬间把她拉到木头大头的位置，自己抱住了小头。

两人换过位置后木头仍然不能承受他们的重量。如果再这样下去，两人势必遇难，除非有一人放手。

她流着泪说：“亲爱的，让我放手吧，我永远爱你！”“不行，你不能放手，坚持下去，肯定有人会来救我们。”一个浪头打过来，将她沉了下去，他放手后她浮了起来，但他却被急流卷走。“你不该放手啊！”她泣血的呼喊声划破空旷的夜空，显得那么悲怆无助。

她抱着那根木头在黑夜里向远方漂去。

第二天，她被人们救起后送往医院。人们发现她是一个快做妈妈的孕妇！听了她的哭诉，在场的人无不为之落泪。

耳朵被世俗磨出老茧的你相信这个故事吗？我相信在她心里，他放手的一瞬间维系她一生的幸福，永恒如日月星辰，充满光辉，超越一切世俗的尘埃和危难。

父爱的脚步一直跟在身后

16岁那年我上初三，我们姊妹五个有四个人同时上学，家境很困难。

每年农历六月初六，在我的老家大峡山下名叫药水沟的地方有个集会，俗称“六月六喝药水节”。这种风俗流传了几百年。据说那水是神水，能治好多病，引得附近乡镇的男女老少蜂拥而至。集会带动了村庄的买卖，许多人把自家产的瓜果蔬菜以及卤猪牛羊肉拉到集会上去卖，借以补贴家里的开支。

六月初五晚上，父亲把从牧区的布哈河里打来的干板鱼油炸后让我第二天带到集市上去卖，卖鱼所得供我交下学期学费。

第二天我早早地起床，用塑料盆将油炸干板鱼装得满满的，上面盖了一块干净的白布，步行着赶往两里外的药水沟。那天天气很热，集市里人山人海，热闹非凡。许多人使出浑身解数叫卖自己的东西。做买卖的大多是上了年纪的人，很少有学生。我手捧着干板鱼，木然地在树林、路边、田埂上走着，心里涩涩的，喊不出叫卖声。想到下学期的学费还没有着落，我自己给自己鼓劲：胆子放大点吧，没有人会注意你的。然而张嘴却喊不出来，我用低得只有自己能听清楚的声音勉强挤出了“卖，卖”两个字，嗓子里几乎干得冒烟，“油炸干板鱼”几个字眼像刺一样卡在喉咙里就是喊不出来。

我总以为只有最下等的人才会经营这等营生，有钱的人哪会和我父亲一样为了几十元的学费而让自己的孩子在烈日下叫卖？我无力地低头在人群中穿梭，心里暗暗怨恨父亲。充斥我耳目的是有钱人家的孩子跟着父母穿着光鲜的衣服，在集市的临时饭馆里吃着让人眼馋的牛排，喝着可口饮料的欢笑、身影。我羡慕他们，我何时才能和他们一样享受生活的富足而给予的快乐和无忧呢？两相对比，心里的苦涩潮水一般汹涌翻腾，眼泪不由得溢满眼眶，落在洗得发白的衬衫上。

我端着盆子钻进不被人发觉的树林深处偷偷擦泪。一个老人突然走过来问我：“干板鱼多少钱一条？”我低声答道：“一块。”头也不敢抬。我怕他看穿我那自卑的心灵。“买三条吧。”我低头给他挑了大点的鱼，接过那三元钱，放下盆子，我手心发烫，捏了一把汗。我翻来覆去看那三元钱，然后紧紧地紧紧地捏在手里，生怕它长翅膀飞了。手心越来越烫，仿佛捏了一把火。

这三元钱多少给了我叫卖的勇气。我镇静了片刻，走出树林，又走向人多的地方。走到一个饭馆前，我问里边的人要不要干板鱼，一个正在喝啤酒的人向我挥手说：“走开，走开，乡巴佬不要打扰我们喝酒。”这话像针，狠狠地扎在我刚刚鼓起勇气的心上。我的心像只气球，被这有点嘲讽的话扎破，里面的勇气全部溢出。我收回脚步，迅即离开，刚出门就被另一个声音叫住了："马国福，你在卖鱼啊，过来和我们一起吃肉吧。"天哪，竟然是我情窦初开、心存好感的从城里转学到乡里初中的同班女同学！我红着脸语无伦次地说："我，我，在帮邻居暂时卖，他去办点事了。我吃过了，你们吃吧。"

我再也没有心思卖鱼了，苦涩、心酸、虚荣、自卑像血液一样在血管里流淌，让我在她面前那么窘迫、难堪。我低头加快脚步回家了。父亲问我卖了多少钱。我的自卑像火山一样爆发："人家的孩子可以跟着父亲，有好吃的好喝的好穿的，而我呢？如果你有人家父亲那样好就行了！我就不用低三下四叫卖了。"我狠狠地把鱼扔在案板上，无辜的鱼在案板上翻着白眼。我无知的话伤到了父亲的自尊，一向和善从不打骂我们的父亲举起巴掌，我低头流着泪，等待他的巴掌落在身上。父亲收回了闪在空中的巴掌，无声地戴上草帽，端起鱼盆出门了。

下午，父亲回来了，盆里剩了不多的几条鱼。他坐在屋檐下数着不多的钱，汗像溪流一样在他梯田一样的皱纹里流淌，湿透了草帽，湿透了他烂了领子的衬衫。他说："你下学期的学费有着落了。"我无语。父亲早已看穿了我的自卑，他说："吃尽苦中苦，方为人上人。这有什么好丢人现眼的？人活在世上凭本事吃饭，靠自信立身。没有钱不可怕，最可怕的是一个人不敢流自己的汗，丧失生活的勇气。"父亲又问我："你是不是躲进树林挥泪？是不是有个老人买了你三条鱼？你是不是在一家饭店被人拒绝嘲讽后才决定回家？"

我惊诧于父亲的明察秋毫。母亲告诉我，原来父亲为了锻炼我，在我卖鱼的时候跟在我的身后，在不远的地方看着我的一举一动。更让我难以置信的是，买我鱼的那个老人是父亲的朋友，是父亲给他钱买我的鱼，增长我的勇气的！谁不想享受生活的安乐？别人的父亲在花天酒地，而我的父亲完全有理由买酒喝，买肉吃，可是他没有，他在烈日下为他的儿女叫卖干板鱼。他没有自卑，有的只是一颗心，一颗让自己的儿女将来生活得更好的信心。我为自己的无知、自卑、年少的虚荣而感到悔恨。

父爱的脚步一直跟在身后，从那以后，我仿佛一下子长大了。多年后我有了自己的工作，每当每个月清点自己的薪水时，我总会莫名地想起那年的夏天，那年的我，那年的父亲的话。现在为了钟爱的事业，我远离父亲到外地工作，写作上小有成绩，父亲也经常打电话让我不要偷懒，踏实工作、勤奋写作。我常常想，如果那一年我不到集市上卖鱼，我会有今天的生活和成绩吗？

父爱的脚步一直跟在身后，他用心良苦的脚步催生的是一条自立、自信、自强的成功之路啊！

父亲的不明白

有时候我在想，父亲就是一棵站在我们心里的大树，时间就像一把无情而又锋利的大锯，我们姊妹正在和时间进行一场争夺战，它每把父亲向前拉一把，在父亲生命的年轮上刻下一轮伤痕，划下一道皱纹，增出一根白发，我们的心里就会疼一场。就这样，我们和时间站在父亲的两侧，疼痛地拉了六十一个回合。

父亲生性一副好口才，农闲时节经常找来一些关于民俗的书阅读，也经常被村里的人请去主持一些红白喜事。在他的耳濡目染下，我们喜欢上了承载人生喜怒哀乐的文字。父亲的大半辈子几乎全部耗在了那几亩并不富饶的土地上，然而无论一年到头他付出多大的艰辛，一亩地还是那么一些数得过来的收成，如果父亲眼里的“老天爷”发慈悲照顾人，庄稼不遭遇什么天灾祸乱，八百多斤粮食顶多卖到五六百块钱。每年当麦子平安地收进粮仓时，父亲就会把粗壮的手插进粮仓，两手来回揉搓金黄的麦子，那份欣喜和幸福只有父亲才能深切地领略，不懂事的我们只是轻描淡写地过问一下：“爸，今年粮食收成怎么样？”父亲会露出憨厚而又权威的笑脸：“还行，这不关你们的事情，你们把书念好就行了。地里的事情轮不到你们操心。”

这是多年前的对话，现在一直铭记在我心。现在我通过读书改变了自己的命运，脱离了劳动，远离了麦地。父亲不再种田，我们把父亲这棵大树从农村“移植”到城市，然而他的根系却仍牢牢地扎在农村，城市的土壤不适宜他，他试图努力适应城市的环境，尽管他过着衣食无忧的安逸生活，每天看看电视，逛逛街，和大街上广场里的那些老人拉拉家常，打打牌，然而，每个傍晚，当他沐浴着夕阳的余晖回到楼房，我们仍然能看得出他无法释怀的落寞和无聊。城市的土壤没有温度，有的只是一种浮在表面上的喧嚣和游走在人们脸上的冷漠。他无法深入城市的内心。

他不明白为什么城里人之间不可以毫不设防地自由出入邻居家的大门。他不明白为什么乡村里一脚就能踹开柴门的院落一年到头发生不了一起盗窃事故，而城里铁将军、防盗门、电子眼层层严密把守的小区却接二连三地被盗。他不明白村庄里自家院里种的蔬菜瓜果，养的猪鸡不通过农产品检验就能放心地进入我们的肠胃，而城里菜市场里的鸡鸭鱼肉、瓜果蔬菜却要经过层层检验才能穿行于居民的厨房餐桌，且他们经常生病。他不明白为什么城里的房子大了、窗子亮了，而人们的幸福感却小了。他更不明白的是，他的儿子一会儿工夫写的千把字的文章发在知名报刊的一篇就能换来几百元的稿费，这可是他和母亲两个人全年风里来雨里去，起早贪黑像侍弄子女一样精心劳动一年、一亩地才能挣来的啊！

有一次，我的一千两百多字的文章发在《读者》杂志后收到七百多元稿费，那篇文章不长，只有巴掌大的一点空间，当我把文章拿给他看时，他竟然不相信这么一点点东西竟能得到如此巨款。在他眼里，我的巴掌大的文章远远没有他的一亩地广阔、有内涵，我的文章与地里的庄稼相比太轻太轻，太缥缈太不实际，然而，这些浅薄的文字换来的稿费实实在在地改变着我们的生活质量。我的沉默的父亲脸上露出非常不可理喻的神情，突然他老泪纵横地说了一句："娃娃（自小到大父亲一直这样称呼我，无论我多大，我永远是他眼里长不大的娃娃），没有文化，眼睛再亮，也是瞎子啊；没有追求，你有再多的财富，依然是穷人。"我自以为是地和他开玩笑说："种庄稼真没意思，一年到头苦死了还不如写几篇文章实惠。"突然，父亲神情严肃地说了一句粗话："孬种，你忘本了不成？别忘了，无论走到哪里你都磕不掉脚上的泥巴。没有了庄稼你喝西北风？没有了庄稼一切都没了意义！"我很惭愧，不得不佩服这位在农业的部落里以庄稼比拟人生的"哲学家"。

尽管父亲现在不种庄稼，但他的表情仍在庄稼内部。现在他每天坐在真皮沙发上吃着庄稼人一年到头吃不了几回的好酒好菜，然而他喝酒吃饭的姿态仍与随意坐在田埂上喝粗茶吃淡饭的模样无异。他秉承着一种与土地血肉相连的传统，坚守着种庄稼曾赐予他的那种幸福与苦乐。在父亲眼里，庄稼是很神圣的，他对种庄稼的事业极其虔诚、敬若神明，容不得我们说半句亵渎土地和庄稼的话。

给对手掌声

在一档世界职业拳王争霸赛电视节目中，我看到了几个暖人的细节。

比赛的是两个美国职业拳击手，年长的叫卡非拉，今年35岁，年轻的叫巴雷拉，今年28岁。上半场两人打了六个回合，实力相当，难分胜负。在下半场第七个回合，巴雷拉接连击中老将卡非拉的头部，使他鼻青脸肿。

短暂的休息时，巴雷拉真诚地向卡非拉致歉，他先用自己手中干净的毛巾一点一点擦去卡非拉脸上的血迹，后把矿泉水洒在卡非拉头上，一脸歉意，那神情仿佛受伤的是自己。接下来两人继续交手。也许是年纪大了，也许是体力不支，卡非拉一次又一次被巴雷拉击中后倒在地上。

按规则，拳击手被打倒在地上后，由裁判连喊三声，如倒地的拳击手起不来则对手胜了。卡非拉挣扎着起身，裁判开始报数，“1、2”，“3”还没出口，巴雷拉把卡非拉拉了起来。裁判感到很吃惊，这样的举动在拳场上很少见。巴雷拉向裁判解释说：“我犯规了，只是你没有看见，这局不算我赢。”扶起卡非拉后，他们微笑着击掌，继续交战。

最终，卡非拉以108：110的成绩负于巴雷拉。观众潮水般拥向巴雷拉，向他献花、致敬、送礼物。巴雷拉拨开人群径直走向被冷落的老将卡非拉，他把鲜花送给了卡非拉。两人紧紧地抱在一起，相互亲吻被击中的部位，俨然是一对亲兄弟。卡非拉真诚地向巴雷拉祝贺，一脸由衷的笑容。他握住巴雷拉的手高高举过头顶，向全场的观众致敬。

卡非拉虽然败了，但败得很有风度。巴雷拉赢了，赢得很大度。两个人一个败在拳术，一个赢在人格。但是，他们都赢了，在人格上。

有时候，搬走别人脚下的一块石头，就等于给自己打开了一条成功的捷径。在自己失败的时候，给对手掌声，这也是一种成功。

谷仓里的金表

一个农场主在巡视谷仓时，不慎将一块名贵的金表遗失在谷仓里，他遍寻不获，便在农场门口贴了一张启事，要人们帮忙，悬赏100美元。

人们面对重赏的诱惑，无不卖力地四处翻找，无奈谷仓内谷粒成山，还有成捆成捆的稻草，要想在其中找寻一块金表如同大海捞针。

人们忙到太阳下山仍没有找到金表。他们不是抱怨金表太小，就是抱怨谷仓太大、稻草太多，他们一个个放弃了100美元的诱惑。只有一个穿破衣的小孩在众人离开之后仍不死心，努力寻找。他已整整一天没吃饭，希望在天黑之前找到金表，解决一家人的吃饭问题。

天越来越黑，小孩在谷仓内坚持寻找，突然，他发现一切喧闹静下来后有一个奇特的声音“滴答、滴答”不停地响着。小孩顿时停止寻找。谷仓内更加安静，滴答声十分清晰。小孩寻声找到了金表，最终得到了100美元。

成功的法则其实很简单，而成功者之所以稀有，是因为大多数人认为这些法则太简单了，没有坚持，不屑于去做。这个法则叫执着。成功如同谷仓内的金表，早已存在于我们周围，散布于人生的每个角落，只要执着地去寻找，专注而冷静地思考，我们就会听到那清晰的滴答声。

花香弥漫

冰心老人有这样一段温暖人心的话：爱在左，情在右，走在生命的两旁，随时播种，随时开花，将这一径长途点缀得花香弥漫，使得穿花拂叶的行人，踏着荆棘，不觉得痛苦，有泪可挥，却不是悲凉。

真的，我们将自己的爱心真诚地播种在生命的左侧，将淳朴的感情培植在生命的右侧，不论是否有人在意、感激、欣赏，也不论是否有人赞美、领悟、珍惜，但是爱的种子已深深地在我们生命的小径上悄无声息地生根、发芽、开花、结果，情的枝蔓在拔节、抽穗、蔓延、成熟。爱的种子和情的枝蔓编织成一道荫翳，让每一个从我们身旁经过的陌生的或熟悉的人都能吮吸到源自诚挚心灵所散发的芳香，品尝到被爱浇灌的枝蔓所结出的甘甜果实。

当我们奉献出一份芬芳时，却得到了整个春天；当我们捧出不多的果实时，我们拥有了整个秋天。因为懂得，所以感激，那心灵的芬芳丝丝缕缕，穿透每一个与我们擦肩而过的旅人疲惫的心灵，他们不觉得悲凉；因为给予，所以幸福，那生命的果实甜甜美美渗透我们的肺腑，我们不觉得孤单。

有人分享了我们生命的花香、果实，就等于分享了我们的幸福，一份幸福加重了分量，就变成更多份。

我们接纳了他们心灵的疲惫、伤痕，就等于分解了他们的苦痛，一份苦痛减轻了分量，变成了半份。

一花一世界，一果一季节。花香弥漫，被命运的荆棘划得伤痕累累的人，只要穿过开满鲜花弥漫花香的小径，即便有泪也不觉得痛苦。被风雨泥泞拖累的双脚，只要懂得花香引路，即便路途坎坷，也不觉得目标久远缥缈。品尝了生命甘甜的双唇，怎会埋怨人生苦短呢？采撷了命运桂冠的双手，怎会在乎暂时的疼痛呢？

我们以自己的枝蔓给所爱的人捧出果实，援助之手永远胜于祷告之唇。

我们以诚挚的情感浇灌每一粒正在抽芽的种子，长久的呵护远胜于一时的扶持援助。

给予体现了种植的价值，花香承载了生命的使命。给予花香远没有培植种子重要，重要的是让花香持久地在我们心灵的花园弥漫。世界因爱而美好，花香因爱而传播。

我简单的心灵愿与每一棵不知名的小草站在一起，为我所热爱的人和世界奉献我的颜色和芬芳，世界美好的时候，我的心灵在不间断的付出中丰富充实，爱人快乐地分享我的花香时，我生命枝蔓的花蕾变得稠密、茂盛，使我人生的花园缤纷地彰显蓬勃的生命力。

醉过方知酒浓，爱过方知情重。让花香承载我淡淡的香魂吧，在被风珍惜的日子里，即便我悄悄凋零，但我落脚的泥土会孕育我明春的蓓蕾。

花香弥漫，爱意无限，每一个我深爱的人啊，不管我是哭着还是笑着，我都庆幸，你们轻巧的脚步走进了我的生命花园，让我淡淡的花香飘进你的心灵。

假如你有一支神笔

一位在中学当老师的朋友给我讲过这样一个故事。多年前他任教的班里有30多个学生，有一年，学校组织学生参加全国中学生作文竞赛，那次竞赛内容是命题作文，题目为《假如你有一支神笔》。大意为假如你有一支神笔，这支神笔可以实现你任何一个愿望，但是只能使用一次，否则神笔没有任何神奇的力量，请据此畅谈你的愿望。考卷发下去后，学生们认真作答，不到两个小时学生们的作文齐刷刷交了上来。

在批阅学生们的作文时，朋友发现一半以上的学生开门见山就使用了神笔，写了几段又用笔画去了前面写的，重新写了一个愿望。有的学生甚至使用了几次神笔后又画去了前半部分重写愿望，有的肯定了一个愿望后又否定，否定后又肯定，反反复复擦，把试卷都擦出了一个大洞。

学生们的愿望五花八门。有的想为家里买一台电视，有的想为自己买一组玩具，有的想一下子成为科学家、富翁、老师、大学生。不同的角度，不同的感受，这些稚嫩的愿望像一朵朵花，鲜艳地开在试卷上，有点惹眼、兴奋、张扬。就在朋友为这些稚嫩的心灵而感慨时，一篇作文让他眼睛为之一亮，深深地打动了他。

那篇作文有一段是这样写的："假如我有一支神笔，我要画一所希望小学。我想起了小学时，我们的小学下雨时经常漏雨，雨从屋顶上漏下来打湿了我们的课本，老师让我们在头顶顶一块塑料布挡水。用神笔画的这所小学不缺少粉笔，尤其是彩色粉笔。以前的小学经常缺少粉笔，粉笔快用完的时候，老师就找小竹片和细绳把短得用手指夹不住的粉笔头扎起来再用，指甲都磨掉了。更重要的是这所小学没有一个小朋友因家境贫寒而辍学，而且我们老师不再为好几个月拿不到工资没钱买教材和粉笔而发愁。我要用彩色粉笔让这所小学充满色彩，每一个老师和同学都快快乐乐，同学们之间团结，互相爱护关心，天天学习进步……”

就像干旱的田野突然来了一阵细雨；就像跋山涉水的驼队瞬间抵达了绿洲，读到这里，朋友的眼睛湿润了。朋友这才想起写这篇作文的学生家境很贫困，人很邋遢，经常不讲卫生，脸总像没洗干净似的，在班上很不引人注目，时常受同学们欺侮。

最后朋友给那篇作文最高分，推荐到上面参赛。40多天后那篇作文获了全国中学生作文竞赛二等奖，学生拿到了烫金的大红荣誉证书、奖品和200元奖金。这件事轰动了全校。学校将他的获奖作文复印放大张贴到校门口过道里，学生一进门首先看到的就是那篇获奖作文。更为轰动的是，没过多久，学校收到了一封来自几百公里外一所边远省份学校的大红感谢信——原来，那个学生获奖后将奖金悄悄捐献给了从报纸上看到的一所希望小学的贫困学生。

这件事在校园里传开后不久，校园里浪费粉笔头的现象看不见了，就连最调皮捣蛋的学生也乖了……

“假如你有一支神笔，你用它来实现什么愿望呢？”讲完后朋友问我。我无语，陷入沉思。

世界上最朴素的花往往开在无人注目的地方，生活中最真切的爱常常驻足在最简单的心灵里。任何狭隘的眼睛对心中有爱的心灵来说都是接纳阳光的窗户；任何蒙尘的荫翳对传递爱的手臂来说，都是对接希望的通道。

我没有做出令朋友满意的答案。最后，朋友问我：“难道你不想知道那个学生现在的情况吗？”还没等我开口，朋友说：“几年前他从一所名牌大学毕业，回到他曾捐款的那所学校任教。顺便补充一句，他已是该校的校长，被市里评为‘全市十佳杰出青年教师’。”

来生我愿做哥哥的哥哥

在我的故乡青海省乐都县（现青海省海东市东都区），四五十年代出生的那一辈人生儿育女的指导思想是：多子多福多挣工分。父亲就属于那一辈人。到了七八十年代，这个指导思想仍然光芒万丈。也许是工分的诱惑吧，父亲养育了我们五个兄妹，哥哥排行老三，我最小。那种只注重人口数量而轻视人口质量的思想，到了70年代末80年代初，逐步显出了其缺陷。

我上小学的时候，哥哥姐姐有的上了初中，有的上了高中。虽然那时的学费很低，但是一个农民同时供五个子女上学确实有点力不从心。直到我上中学的时候，家里实在无力同时供我们五个人上学，一来种近十亩地的父母顾及不了，二来微薄的农业收入实在无力承担我们的学费。但是父母说：“我们吃够了没有文化的苦头，哪怕砸锅卖铁敲烂骨髓也要让你们读书，有个出息。”我印象中哥哥学习很差，总是排在全班倒数第一，但他的英语成绩还可以。我从来没见过他放学后做过家庭作业。父亲问他为何不写作业时，他说老师没布置。父亲说：“没布置也要写！”哥哥说：“在学校里已写完了。”老实巴交的父亲相信了他。

直到有一天老师家访，找上门来说哥哥经常逃课，不知做家长的怎样教育孩子的。父亲听了很惭愧，老师一出门，父亲就拿出皮鞭把哥哥拉到院子里让他跪下。父亲气得青筋暴突，脸都涨红了，然后狠狠地抽打他，边打边骂：“我叫你再不争气，我叫你再逃课！”哥哥疼得在地上打滚，脸上的泪水和着地上的尘土把身上抹得到处都是，我们谁也不敢上前劝阻。我知道作为生产队长的父亲在村里是很要脸面的人，谁劝也没用。哥哥蜷缩在地上，身上是青一条紫一条的鞭痕，他咬着牙抽泣着，眼神黯然无助。父亲让我叫来爷爷和叔叔，父亲说："今天你当着长辈的面说清楚，到底上不上学？上，我豁出老命供你，不上，你要表个态。"

哥哥跪在地上颤抖着，不停地抽泣。爷爷和叔叔们劝他听话好好去上学。他始终不出声。父亲急了，又抽了他几鞭。哥哥的性格很倔强叛逆。在大家苦口婆心的劝说下，他哭着说："我不上了，父母供我们五个人上学，太辛苦了，我每天坐在课堂里心里很难受。我想去打工，减轻父母的负担。"父亲眼里顿时噙满了泪花，但他仍严厉地说："天塌下来有我顶着，轮不到你操心！"

那天无论家人怎么劝说，哥哥就是不去上学。后来他跟着村里的人到民和县去打小工修路。那一年他17岁。

一个月后哥哥托人给父亲带来了200块钱，给母亲买了两袋奶粉，给我买来两本作文书。哥哥知道我喜欢作文。他叮嘱那人，叫我一定争口气好好学习。没过多久，哥哥回来了，他又黑又瘦，脸上都脱了皮，手更不用说，握住他的手如同握住了一块锋利的瘦石，让人疼。老茧结了一层又一层，像刀锋。他站在门口哭了，说钱被包工头卷走了。我心里涩涩的。晚上我和哥哥在一个被窝里，我问："哥，你在那边苦吗？"哥叹了一口气："苦成了一种习惯就不苦了。我们每天天不亮就被叫醒，吃的是开水对干馍。每天有扛不完的沙袋，背不完的砖头，拌不完的混凝土——有时我真想跑回来，可是一想到你和妹妹可以坐在教室里读书，我就不觉得苦了。"

我摸了一下哥哥的肩膀，凉凉的，很硬，是老茧。我说："哥，你还是去上学吧。上学就不用受苦了。"哥说："其实，我很想上学，可父母为了我们每天起早贪黑太辛苦了，不忍心啊。如果我直接说不上学父母肯定不答应。我只好逃学，让他们认为我不可救药，这样我就能减轻一些家里的负担。但是这事不能告诉父母啊。"

我上高三那年，春暖花开的时候，结婚不到一个月的哥哥跟着村支部书记的包工队到唐古拉山去修公路。那天傍晚，包工队浩浩荡荡在村中心集合。哥哥开着拖拉机，全家人为他送行。车即将开动的那一刻，村里的人点起了祝福平安的鞭炮和象征吉祥的烟火。鞭炮燃尽了，车子发动了，全家人眼泪汪汪，送行的男女老少都哭了。哥哥扭过头尽量不看我们，走了一段路，哥哥回头大声对我说："好好学习，听父母的话，我会平安回来的。"

我的眼泪像断线的珠子，掉了下来。漫天血色的晚霞，惆怅的男女老少，灰色的村庄加上路边孤零零的白杨，真有点"风萧萧兮易水寒，壮士一去兮不复还"的悲壮。我在心里默默地祈祷，上天保佑哥哥平平安安地回来。

后来听大人们说，唐古拉山脉一带是"风吹石头跑，天上无飞鸟，地上不长草，夏天穿棉袄"。这话像针深深地刺痛了我年少的心，我担心哥哥。我暗下决心一定争口气考上大学。

几个月后哥哥寄来了400块钱，还有一封信。字体歪歪斜斜。哥哥一再叮咛我好好学习，有空的时候多帮父母分担一些农活儿。最后哥哥形容说他干活儿的地方天蓝云白，牛羊成群，伙食很好，请家里放心。我知道哥哥又在说谎。见字如见人，我可以想象得出哥哥在那恶劣环境下如何的艰辛。

高考前一个月，哥哥特意给我寄来了200元钱，汇款附言里他让我加强营养，注意休息。看到哥哥的字，我想哭。

那年9月，我被西安公路交通大学（现长安大学）录取。消息传到唐古拉山，哥哥兴奋得觉都睡不着。刚好那边的公路工程也结束了，他连夜开着拖拉机回家。我们全家人都在高兴地等他。四天后，哥哥回来了，头上裹着血迹未干的纱布，脸色蜡黄，衣服沾满污油。他的模样让我们大惊失色。原来回家心切的哥哥在路上发生了车祸，幸好没什么大伤，谢天谢地。一见到我，哥哥紧紧地抱住我哭了。

此后的几天，哥哥带着我到街上最好的商店买新衣服新皮鞋，当我穿上新衣新鞋豪迈地走出商厦时，我才发现哥哥的布鞋早已开了一个大洞，我惭愧地说："哥，你也买双皮鞋穿穿吧。"哥哥憨厚地笑了："布鞋穿惯了，皮鞋不舒服。"

临走前的一个晚上，我到邻居家道别，和哥哥一起到唐古拉山的得胜哥说："你不知道，你哥这次捡了一条命回来。在去往唐古拉山的路上车子坏了，在前不着村后不着店的戈壁，一天见不到一个人影。我和你哥落在了大部队后面，更不幸的是修车的那天晚上下起了大雨，帐篷早已湿透了。我们又冷又饿，只好趴在车厢底下。晚上你哥感冒了，加上高原反应，他浑身虚脱，吓死我了。他说为了你们全家，为了你能考上大学，哪怕剩一口气也要走出戈壁为你挣足学费。幸运的是，第二天大部队派人来找我们，修好了车，我们才得以到达工地。在那里他起得最早，睡得最晚，干的活儿最多，受的苦最多。你以后可不能忘了你哥哥啊！"我的泪早已夺眶而出。

去学校报到的那天，哥哥给了我2000元伙食费。他说："到大学里管好自己，照顾好自己，也不要忘了我们的本。"我知道这句话的分量。

尽管上大学时，当老师的姐姐经常给我汇款，但我还是隔三差五地收到负载着哥哥血汗的汇款，我知道那里包含着何等殷切的期望，我也知道哥哥瞒着嫂子给我汇款有多不容易。哥哥的肩膀很沉，我也格外用功，不敢辜负任何一滴渗透骨髓的汗水泪水。

毕业后，我找到了一份轻松的工作。现在我经常给哥哥和父母写信汇款寄托我微不足道的爱意，逢年过节我也给我多病的侄子买些衣服零食，而这一切，仅仅是汇款和衣物所远远报答不完的。

现在我也经常跟着领导到公路的施工现场去检查，当小轿车行驶在逐渐成形的公路上，看到那些像弓一样面朝黄土背朝天的筑路工人，我就会想起曾经筑路的哥哥，他们也是我的父辈，也是我的哥哥啊。下车后，我会亲热地和他们交谈，给他们发香烟，问问他们的庄稼和收入，就像兄弟一样自然。因为我是农民的儿子，我血管里流的是农民的血，昨日是，今日是，永远都是！

有一天我做了一个梦，梦见我在一个寺庙里许愿，老方丈让我许个愿，我想都没想就脱口而出："来生我愿做哥哥的哥哥！"

乐观是乌云背后微笑的太阳

两个人跋涉在荒无人烟的大漠中，长途的跋涉使他们感到非常疲惫，在翻越一座大山时，他们不慎把随身携带的两壶水弄丢了一壶。在短暂的休息时，他们开始对话。

一个人说："完了，我们只剩下一壶水，怎能走出缺水的沙漠？"

另一个人说："真是太好了，我们还有一壶水，足够我们到达目的地。"

同样的一壶水，一个人看到的是失望，甚至绝望，而另一个看到的却是希望和收获。

悲观者常把挫折和失败当作厄运，而乐观者常把不幸和困境当作起跳奋起的台阶，最终变成人生的财富。就好比穿行于乌云之间的太阳，悲观者只看见乌云，那是天空的眼泪；乐观者则看到乌云的金边，那是太阳即将露出笑脸的光辉。

我们看不见阳光是因为我们低着头，所以我们只能看见自己的影子。哲人说过"乌云是遮不住太阳的"，而我想说，乐观是乌云背后微笑的太阳，在乐观者心里乌云是暂时的，就像一块被沙尘掩埋的金子，只要风的慧眼从其身上扫过，金子总会发出光芒；真金不怕火炼，火炼去的只是其棱角和形状，而不是金子发光的信念；乌云遮住的只是太阳的影子，遮不住的是太阳前进的步子。

乐观者海纳百川，既能航行小小扁舟，又能航行航空母舰！既能容纳暗礁惊涛骇浪，又能荡漾微波涟漪；悲观者心若羊肠小道，走在人生的浩瀚林海中一叶障目，只见树木不见森林，只有小丘没有太山。

乐观者在遭遇人生的不幸时常安慰自己：这一切终究都会过去！

悲观者身临困境时常唉声叹气：这一切怎么还不过去?

“终究都会”和“怎么还不”尽管只是四字之差，但在心态和境界上却有天壤之别。乐观者和悲观者尽管都是“身在人世间”，但乐观者“心存星空中”，悲观者却让自己“暗无天日”。痛苦、不幸和磨难是乐观者的人生试金石，是悲观者的人生绊脚石。古往今来，那些彪炳史册的名人，没有一个人不是在乐观的胸怀下成就不凡伟业的，司马迁在酷刑之下，没有乐观的心态和气魄写不出鸿篇巨著《史记》，越王勾践忍辱负重在只有三千兵甲的困境下，卧薪尝胆夺回失去的山河。今天我们几乎每天可以从媒体上看到这样的人物，他们乐观、豁达、从容，成就着不凡的业绩，他们身上折射出了一种人生信念，焕发着一种乐观的生命光芒。

当我们手中剩下一壶水的时候，我们不妨给自己鼓励和力量：喝了这壶水，我们就能抵达理想的绿洲，向前一步与梦想拥抱，和成功握手！

黑夜的尽头是太阳的故乡。乌云的背后是乐观者的笑容。

乐观是乌云背后微笑的太阳，乌云是一块黑色的抹布，抹去悲观，太阳正在向我们微笑呢！

胜过对手，先从微笑开始

有段时间心情不好，我把生活中的不良情绪带到工作中。有一天上司给我布置了一个写材料的任务，这个材料和我的工作职能不怎么沾边，我当面推辞说没时间，以后这样的材料别推给我。这让上司在在座的同事们面前很没面子，但是当时他没有说什么，不但脸上没有任何不悦的表情，反而很坦诚地对着我微笑，我很不自然地走出他的办公室。

后来这件小事像个不愉快的细菌慢慢感染，让我每天工作心情很不畅快，郁闷压抑，各方面工作不如以前，落在同事后面。有一天，早上上班时，我发现我的桌子上多了一束插在玻璃饮料瓶中的小花，小小的花苞藏在绿叶之间，宛如一缕从阴霾中漏出来的阳光，让人眼睛为之一亮。每当工作疲劳时，我就近距离审视这束花，心情慢慢地随之明朗起来，不再急躁，不再郁闷。

我问同事，是谁放的花？他们都说不知道，这让我心里暖暖的。也许工作压力有点大，个别同事有时也和上司发生争执，闹一些无原则的别扭不愉快，令工作氛围很沉闷。但我发现如果那个同事第一天和上司闹不愉快，第二天他的桌子上就会多一束花。过不了几天，办公室里所发生的不快烟消云散，大家工作都很投入，业绩上升也很明显。

看着那一天天绽放的花，我心存感激。时间长了我认识到自己的过错，主动给上司发了条短信息，请他原谅我的冲动和年轻气盛。他给我回了条信息：生气就是和自己过不去，生气前请你先到卫生间盯着镜子微笑一分钟，然后再来和我生气，我什么都可以原谅。上司的宽宏大量让我倍感惭愧。

从那以后，每当工作或者生活中和周围的人发生一些误会和争执时，即便他们是错误的，我是正确的，我也先不和他们争执辩解，并且让自己始终保持微笑，然后看着他们因为急着为自己辩解脸涨得通红的样子，我再提醒他们：请你先保持微笑，我们脸对着脸，比比看谁在不出声的情况下微笑的时间长，就算谁赢。

结果，没有理或者存在过错的一方先我出声，且微笑的时间没有我长。最后我们和好如初。

这让我想起美国前总统林肯的一件轶事。当林肯在一次战役中俘获敌军时，他的下属要求严惩敌军，林肯却不同意，他不但豁免敌军的一切罪行，反而像对待自己人一样对待敌军。有下属不解地问："他们是敌人啊，消灭后患、严惩敌人才是最好的做法。"林肯笑着说："你错了，连敌人都变成我们的朋友了，我们还有什么战胜不了的？"

军事家的智慧并不在于战术，反而体现在一些细微的事情上。结合自己以前的过错，我明白了什么是真正的高明，我敬佩于我的上司润物细无声的教化。

如果不能改变别人的过错，那我们先改变自己能改变的，比如，从微笑开始，尽管没有凝聚多大力量的微笑有时很微不足道，但它如同穿石的水滴、大堤的蚁穴，总有一天会击穿石头，使大堤倒塌。

做人做事，一拼力量，二拼智慧，如果力量、智慧不足以战胜对手，那么我们就从微笑开始……

微笑着打电话

那天我遇到了一系列不顺心的事，加上外边又下起了滂沱大雨，我的心又烦又乱。我坐在阳台上无聊地翻着一些新近收到的报刊，以此平静自己的心。好不容易找到了一篇自己喜欢的文章，便沉浸其中。我正看得入神，手机响了，一看号码有点陌生而且是长途。接还是不接？我犹豫不决，也许是好久没有联系的同学打来的，这样一想我就接通了电话。

"请问，你是刘局长吗？前些天听说你病了，我没有及时来看望你，后来到医院去看你时，你已经出院了。请你一定原谅我，今后我会补上……"电话那边的人倒豆子似的一口气说了一大堆致歉的话，他的声音有点发抖，让我感到莫名其妙。平时我很讨厌溜须拍马屁的人，这个人听来是马屁精。我一脸怒气地说：“你打错了，神经病！”说完便狠狠地挂了电话。

晚上我无意中和朋友聊起这件事情，朋友说：“你错了，你应该微笑着接电话。”我不解：“浪费我的电话费不说，而且把我原本很烦的心弄得更烦了，我怎能微笑得起来呢？”朋友说：“假如你是刘局长，你生病了，有人来看望你，说明人家心中有你，并不等于他是一个拍马屁的人；假如你是退休后的刘局长，有人来看望你，这更是一件好事，说明人家没有忘记你。有人关心你，这不是一种淡淡的幸福吗？不要妄下结论，听我给你讲一个关于打电话的故事。”

朋友一边分析，一边给我讲他的经历：

有一年，我和一个客户谈一笔生意，谈判到了关键时期，由于一些细节问题，我们互不让步。谈了很长时间我们僵持不下，最终谈吹了。后来另一个客户有意和我谈这笔生意，我就转移了目标。我们谈得很顺利，准备签合同时，我接到了一个陌生的电话，电话里那个人问我是否能稍微让一步，如果可以就和我签合同。那人正是我上次谈判的客户的秘书。我想我一让步就会亏本。反正我已和另一个客户快签合同了，何必再浪费时间呢？当着那么多人的面我怒气冲冲地回绝了他。回电话时我简直有点失态，口气很不友好，硬得让人瞠目结舌。和我准备签合同的那个客户问我刚才打电话的人是谁，我直言相告。听了我的回答，他一脸沉重地说：“抱歉，这个合同我们不签了。”说完便头也不回地走了。我感到很突然。

后来我才知道，仅仅因为我没有微笑着与第一个客户的秘书打电话他们便变卦了。第二个客户的秘书告诉我，他们和刚才给我打电话的那个人所在的公司是一对业务来往很友好密切的公司。秘书向我转达了他们经理的原话：“连微笑着和别人打个电话的耐心都没有，怎能会有持久合作的耐心呢？”

讲完后朋友语重心长地提醒我：“微笑是一种涵养，一种力量，有时更是一种难得的机遇和成功。记住，无论什么时候打电话，拿起话筒时请微笑，因为对方能感觉得到。”

现在我的朋友业务做得很好，我想其中就有微笑着打电话的功效吧。

灵魂远行

有时候，人的灵魂是需要远行的，尤其是他沉浸在深沉无边的孤独中的时候。

尽管我们的俗身停留在自己所处的环境原地不动，但是我们不能让灵魂和思想静止如一棵行将枯干的树，静默地死在缺少绿意和生命的沙丘上、旷野里。

一位老师给我说过这样一句话：思想有多远，我们就能走多远。那时我刚从学校毕业，被分配到一个小县城，从繁华都市里的重点大学到狭隘落后的小地方，我心里的落差很大。内心的彷徨、环境的压抑、对前途的迷茫以及对官场上某些现象的迷惑每天都困扰着我。我如同一个走在阴暗、潮湿、狭长的小胡同里落魄的旅人，老师的那句话就像胡同出口拐弯处的一盏明灯，将我黯淡的心灵一下子照耀得光芒万丈。

想想，中外历史上那些灿烂于人类星辰的大师，无不在世俗的生活中寻求着灵魂的出口，让灵魂远行。比如尼采，比如凡·高，生前极度孤独、贫困、失意不得志，甚至贫困潦倒到食不果腹、举步维艰的地步，他们“孤独得只剩下时间”（尼采语），可是他们的灵魂一直在远行，于是有了震撼人类、超越时空的《查拉图斯特拉如是说》，有了在艺术殿堂不朽地燃烧的《向日葵》。

香港导演王家卫有这样一句话：听别人说，这世界上有这样一种没有脚的鸟，它只能够一直飞啊飞，飞累了，就在风里面睡觉，这种鸟一辈子只能下地一次，那一次就是它死亡的时候。

当时听到这句话，它就像一粒种子一样迅速根植于我的心中，我不再为自己所处的环境而彷徨，也不再为浮云般的尘事而郁闷。我改变不了环境，但我可以改变自己的灵魂，我可以身在人群中，心存星空间，让不羁的灵魂在理想的国度里远行、飞翔。

鸟作为一个微小的生命，也许它的灵魂在于不停地飞翔，而作为主宰自己命运的人类，我们有手有脚比鸟类高明多了，但是思想一直在尘世间被世俗的生活浸泡着、软化着、瓦解着、腐蚀着。

我们的肉身是灵魂的躯壳，总是满足于现状，被绚丽如泡沫的名利诱惑，紧紧地、紧紧地将性灵自由的灵魂束缚，被现实牵制，就像一个背着包袱缓慢爬行的软体动物，面对外界的诱惑，将头胆怯地伸出坚硬的外壳，而当遇到强大的对手时，迅速将头缩进壳内，避免被伤害和侵袭，尽管头缩进硬壳后得到了保护，但心却想着外边光怪陆离的世界。推物及人，这样的灵魂注定原地踏步，一天天沉没、老去，怎能远行呢？

我常常在寂静的夜晚沉思：哪些是我们内心深处真正想要的生活？哪些是我们真正所不想要的生活？哪些是我们真正想追求的境界？我们在甘于现状与不甘于现状的思想中顾虑重重，矛盾地挣扎、苟活，可我们舍不得放下眼前所拥有的一切：安逸的生活、泡沫般诱人的名利、按部就班的节奏……

现实的一切如同一只巨大的套子，上班时我们被办公室套着，下班后我们被房子套着，走在街上我们被高楼大厦套着，商场里我们也被商品套着，休闲时我们被广播电视网络传媒套着，即便旅游时我们也被交通工具、千篇一律的亭台楼阁、山山水水套着。其实，很多时候，我知道，当下的生活是临时性的，真正的生活在别处。可是，在心里藏了太多的牵绊，就这样空耗下去了，最后，可能就成了住惯了笼子的鸟儿，住惯了井底的青蛙。自由宽广的天空，除了给自己一些不多的畅想外，更多的是让自己充满了犹疑和恐惧，以及癞蛤蟆想吃天鹅肉的奢想。这是一种悲哀。

我们活在无处不在的套子里，自己给自己套上枷锁，让灵魂如死水般静止，如病木般枯死，这一切又怎能泛起灵魂多彩的涟漪？怎能爆出灵魂蓬勃的新芽？我们让灵魂活在套子里，手脚变得僵硬，思想变得迟钝，怎能成为一只结茧的蚕蛹，吐出灵魂柔软美丽的丝，在暗室里怀抱化蛾的梦想，让灵魂的翅膀摆脱外界的束缚，轻舞飞扬？！

有时我们卑微的灵魂就像一只蚂蚁、一条蚯蚓，在暗无天日的泥土中，无时无刻不在寻求着通向光明世界的通道，内心的追求不因暂时的黑暗而熄灭，尽管让灵魂远行的道路曲折、漫长，但当我们柔软的触角勇敢地与从我们头顶踩过的脚步对抗，我们柔弱的身躯将拦挡人生幸福、灵魂自由的堤坝洞穿，当大象被绊倒的时刻，当堤坝浑然倒塌的瞬间，世界也会为我们动容！所谓的英雄也难免会为我们卑微的灵魂挥泪！

那时我们的灵魂像一粒原子，渺小的时候肉眼看不到，大起来太空难容；我们的灵魂已远行到理想的土壤，继续着我们温暖而充满光明的梦想。我们可以活得很平凡，但不可以活得很平庸；我们可以活得很卑微，但不可以活得很卑贱；我们可以活得没有傲气，但不可以没有傲骨；我们可以活得很郁闷，但不可以很沉闷！没有翅膀我们仍可以飞翔，没有双脚我们仍可以去远行。

世界上最美丽的花，往往开在无人知晓的地方。就做一只默默无闻的蚕茧吧，讴歌喧哗是别人的事情，于灵魂而言，化蛾是最重要的仪式，最具光彩的历程。灵魂在黑暗中独舞远行的时候，我们已走在时间的前面，世界早被我们甩在后面；就做一只不起眼的蚂蚁或者一条蚯蚓吧，黑夜的尽头是太阳的故乡，千里大堤溃于蚁穴的时刻，世界已向我们的灵魂倾斜。

那飞扬的丝绸，是我们奉献给尘世的一面面旗帜；那灵魂远行时留下的深深浅浅的脚步，是我们超越世俗矗立在宇宙的一个个海拔。

母爱如药不失效

有段时间母亲身体不好，多病并发。肩周炎让她抬不起胳膊，且胳膊弯曲不到后背。她肚子还经常痛，时常腹泻，刚开始不怎么厉害，后来隔三岔五就拉肚子，我和父亲怀疑是肠炎，便决定带她到医院看看。

在医院里，医生建议母亲用刀针先治疗肩周炎，然后再治疗肠炎。母亲躺在床上，医生先在她左肩膀上注射了麻醉药，然后用小刀针在她肩膀的穴位上打针注药。母亲紧紧皱着眉头，看得出尽管打了麻醉药，她仍然感到疼痛。我给她掖了掖被子，不让她露在外边的肩膀受凉。她安静地躺在床上，头发很乱。我拿出随身携带的小梳子给她梳头，母亲闭上眼，慢慢平静了下来。大约十分钟后，医生示意母亲可以下床了，我很快给母亲摆好鞋子，轻轻地给她一件一件穿衣服，忽然，母亲低下头，抹眼泪。我慌了，赶忙问："是不是很痛？要不再歇一会儿，再起来。"她说"不痛"，接着抹眼泪，我拿出纸巾给她拭泪，她的眼泪像泉水，流得更凶了。

我抱起母亲，搀扶着她下床，给她穿好鞋。母亲安静得像个小孩子。出门，下楼梯。我牢牢地握住她那干瘦的手，母亲开口，然后失声哭着说："儿子，谢谢你啊，谢谢你，你对妈太好了！妈又老又丑，你在那么多人面前一点儿也不嫌弃我，我给你添麻烦了！"我没想到母亲竟然会给我说"谢谢"，这让我十分愧疚难过。我不需要母亲的感谢，而且母亲也没有必要给儿子说"谢谢"。

把母亲送回家后，我到医院办理给母亲做肠镜以及妇科检查的预约手续。医生给我开了很多昂贵的药，让我四天后再带母亲来，同时嘱咐我一定要让她按说明书服用，切不可多服或者少服。

在家里，我给母亲详细解说了吃药的事项，并让她按时服用。母亲问我医生开的药多少钱，我回答说："不多，就四百多块。"母亲发出长长的一声叹息："太贵了，可不可以退掉，到外边的药品超市买些便宜的药？只要止止痛就行了。"我责备她："那怎么行？医生开药是有科学依据的，身体比钱还重要啊。没事的，只要你安心治病，其他的不要想了。"

第二天一大早，我要到外地开会，需要三天后才能回来。我给母亲示范了一次需要服用的药量，让她以后按我倒的比例服用。

三天后回到家，我发现药少了一瓶，按道理应该第四天才服完，我很纳闷：是不是母亲服错了药，过量服用了？我问她："妈，你是不是多服了药？"母亲坚决地说："没有啊！我想吃些水果，你和你父亲到外边买些水果回来。"我说："一个人去就行了，不要父亲去，你们在家好好歇着，我去买。""不行，你感冒了，让你父亲陪你去，我就要你们两个人去买，那样吃起来才香嘛。"母亲的语气有点小孩子撒娇的味道，眼神里藏着让人琢磨不透的意味。她以前想吃水果时，从没要求过我和父亲两个人去买啊，我想，很可能人年纪大了老了就有点小孩的脾性。

很快我和父亲买回水果，我削苹果给她吃，她欣喜地从包里拿出一瓶药说："年纪大了，记性不如以前，我忘记了买回的药放哪里了，刚才趁你们出去时候找到了！"晚上我给母亲倒好药端给她，让我想不到的是，以前的药一打开瓶子就有一股刺鼻味，怎么今天却没有了，是不是失效了？我仔细看了看说明书，药并没有过期啊。我问母亲："这药怎么不对劲啊？"

母亲反问我："怎么可能啊？很可能你感冒了嗅觉失灵了。"还没等我回答，母亲一下子很用力地从我手中夺过药，一饮而尽。平时母亲喝药的速度很慢，今天却一反常态。这更加重了我的疑心。

第五天我带母亲到医院，到了医院她死活不去刚开始给她看病的那个医生那里，她说："我听说还有个老医生不但医术精湛而且收费也低，我们到老医生那里去看看吧。”我说：“这怎么行？看病要善始善终，否则不但耽误病情，而且医生之间非常忌讳这种做法。”无论我怎么劝说，母亲很固执就是不答应。执拗不过，我只得依她。

老医生给母亲诊断的时候，我去上厕所，经过以前母亲看病的那个诊室门口时，那个医生看见我后叫住我，他问我：“你母亲怎么回事？好端端的药怎么给退了一瓶？我坚持不退，她说病快好了，肚子也不痛了。她硬缠着我一个劲地要退药，医院有规定卖出去的药不好退，我拗不过她，恰好另一个病人和你母亲患有同样的病要吃同样的药，两个人互相调剂一下，我就让她把一百多块钱给你母亲，让你母亲把药给她。这样下去对你母亲的病不好啊！你可要好好开导开导她。”我不信，问医生：“你开给她的药一瓶不少啊！怎么可能呢？”医生努力回忆了一下，他说：“我记起来了，那天退药时她向我要了一个空药瓶子，很可能她把一瓶药用水兑成了两瓶。”

顿然间，我明白了母亲为什么要让我和父亲一起去给她买水果，她的最后一瓶药为什么变了味道。我心里有一种说不出的苦涩感。

当晚，我有点生气地问母亲：“你怎么能不顾自己的身体随便在药里兑水？身体要紧还是钱要紧？无论你看病花多少钱我都愿意，只要你健康平安！你真糊涂！”母亲眼里有了泪：“你还没有成家，以后用钱的地方很多很多，我老人用钱也无所谓了，看到你每天晚上辛辛苦苦熬夜写文章挣稿费，我只是想给你最大限度地省点钱，减少你的经济负担啊！”

我的泪水夺眶而出。我的母亲，糊涂的母亲，为了区区百元钱，让自己的身体遭受病痛的煎熬，她心里始终想着的是儿子的生活啊！

我想，这个世界上任何一种药时间长了都会失效，而唯有母爱，无私的母爱，像一剂良药，永远不失效褪色，让我们被世俗的生活抽压得很紧的每根神经舒缓轻松，幸福常伴、生活无忧。

那个孩子说：糖，糖！

我有一个梦想

——马丁·路德·金

20年前，他渴望能吃到一颗糖，一颗三分钱的水果糖，如果奢侈一点，他渴望能吃到一瓶罐头，一瓶两块钱的水蜜桃或者橘子罐头。这种深入骨髓的对蜜的企盼，对甜的奢望，如同现代人希望自己买一张两块钱的彩票就能中到500万元巨奖一夜暴富一样。只是这种幸福的几率太小了。一年当中只有在生一两次病的时候才能享受得到。当他把那颗很硬的水果糖，小心翼翼地像个珠宝一样捧在掌心里，仔细审视一番后，才轻轻地轻轻地剥开糖纸，唯恐不小心磕掉一丁点的角，然后慢慢地慢慢地用舌头稍微舔上一口，再细细地咂咂舌头。尽管舔一口的幸福感觉很短暂，但对他而言，那感觉就是流动在味蕾上的一股甘泉，长久地渗透心底，那个甜哪，彻肺彻骨。

他舍不得在几分钟内吃掉那颗糖，他只是反复用“舔”这个动作，让幸福的感觉一点一点地延续，一点一点地消融在他稚嫩的心田。

舔着舔着糖越来越薄，然后化为乌有。年少的惆怅笼罩心头，何时再能吃到一颗糖呢？

物资的匮乏让人对幸福无比渴求，就像在大雪纷飞的冰天雪地，一个人蜷缩在墙角落，渴望得到一件棉衣，如果再奢侈一点就是得到一盆熊熊燃烧的火。可是棉衣很缥缈还不知道在哪里，炭火很遥远还不清楚能否拥有。

那时候他身体弱，每年夏秋换季的时候经常会腹泻，他最渴望的是能够得到糖，病重的时候渴望吃到一瓶橘子罐头。只要生了病，他就可以给父母亲提条件，要罐头吃。那些放在柜子里的罐头是逢年过节串亲戚用的，平时舍不得吃。偶尔父亲喝醉酒了，说心里发烧，全家人共同分享一瓶罐头，然后你一勺、我一勺围拢在罐头周围。在他心里罐头就是太阳，就是幸福，而他则是一棵刚刚开花的向日葵，需要阳光，需要甜！

生了病，他的地位可以得到提高，可以拥有吃糖、吃罐头和撒娇的权利，姊妹们宠着他，父母护着他，没有人可以说他的不是，多好啊。生病是一件极其幸福的事情。

年龄稍微大一点的时候，他的身体有所好转，不再经常性生病。这意味着他很少有吃糖吃罐头的机会。这是一件让人忧伤的事情。那时候的忧伤就像田野里肆意蔓延疯长的野草，一天天长高，一簇簇一簇簇，戳得他心里难过。

糖和罐头并没有远离他，只是高高地安静地被放在村庄里并不怎么大的小卖部里，只要有一两角钱或者一两块钱他就可以拥有。他有钱吗？没有。那当然吃不到罐头了。现实中吃不到糖，那只有做梦吃糖。梦里有好多糖，花花绿绿像蝴蝶一样在他周围翩翩起舞，把他的梦境装饰得如同花园。他只要一伸手就可以抓到一大把，那个孩子在梦中被幸福包围，飞了起来。

后来，有个和他一样无比热爱糖的小伙伴告诉他一个能够得到糖的秘密，那就是没病装病，无病呻吟，家里人就会着急，一着急就会问哪里不舒服，想吃点什么。这样就可以堂而皇之地告诉父母这里疼那里痒，舌头很苦，想吃点甜的东西。于是一个闪着金光的谎言让他实现了吃糖的梦想。

伙伴的秘方光芒万丈，给他信心。于是和父母从农田回来走在回家的路上，走着走着他突然蹲下来，捂着肚子说“疼，疼！”劳累了一天的父母显得无比关爱他，全然忘了沉重的泥土给予的劳累，然后把他背在背上，问他哪里不舒服想吃点什么，他只是装作迷迷糊糊的样子说：“糖，糖！”

他闭着眼睛，仿佛看见村里小卖部里的糖瞬间长上了翅膀，像村里灵巧的麻雀一样纷纷向他飞来。而他的嘴就是最温暖的巢穴，麻雀们尽管尽情地来吧，来吧，这小小的巢穴就是幸福安乐的天堂。

路过小卖部时，父母亲赶紧掏上几毛褶皱得起了毛边的钱给他买上几颗糖。他闭着眼睛任凭母亲慈爱地把糖塞进他嘴里。如果说他的肠胃是一条暗道，那么母亲给他的糖就是一个光芒四射的太阳，让他暗淡的心房蓬荜生辉。

在医疗室母亲带他去打针，他死活不肯进去，他怕的不是打针，而是谎言被经验丰富的医生像用针戳一个轻薄的药丸一样戳破。他躺在地上打滚，说怕打针，怕疼，要回家。无奈之下父母亲心疼地轮流背着他回家。

可怜的孩子！

后来他的谎言被识破。他成了不诚实的孩子，就像小学课本里喊“狼来了”玩弄大人们的孩子。从此，他再也不能以生病的借口吃到糖，实现他的幸福梦想。很少有人喜欢他，他一下子孤独起来，就像一棵孤零零地立在原野里遭受风雨重创的枯树。然而他对糖的渴望、梦想并没有因风雨的重创而停滞破碎，反而像树深埋在地下的根一样，在泥土中越扎越深，他深信总有一天他会长成一棵大树，一棵叶子全部是糖的大树。

他只能以学习上的刻苦来赢得家人的喜欢。村里有这样的榜样：有的人通过读书考上中专，做了老师，每月有工资，然后逢年过节给家人买来许多水果糖、牛奶糖、罐头，可以经常性泡在被“甜”浸透的日子里。

十年后他考上了外省的大学，四年后他有了一份不错的工作，不错的待遇。

现在他口袋里的钱不再以几分几角衡量，每年他一个人可以拿到全家人几年也挣不到的钱，他可以随时随地买糖吃，软的、硬的，国内的、国外的，只是他没有任何吃糖的念头。有时参加应酬，别人送给他高级的糖，他只是象征性拿上几颗，回到住所随手扔进抽屉里。时间长了就忘了，然后就扔了。

每当每个月拿到不菲的奖金时，他不由得想起年少时吃糖的情景。那么美好，那么难忘，那么幸福！

有时和同事们聊天说起童年的种种趣事和苦难，他就会笑着给他们讲自己小时候撒谎吃糖的故事。有一次他在日记里写了这样一段话：原来幸福像糖一样，只是一个梦想的过程，奋斗的过程，只要用点力，剥掉那层包裹糖的纸，幸福就会原形毕露。如果一个人少了某个梦想，那么他永远站不起来；如果少了在生活的泥土中摸爬滚打的经历，即便他泡在再好的蜜罐里，他的骨头始终不会硬朗起来。

那个写附言的女孩

毕业后到这个南方小城工作，每个月我都雷打不动地给千里之外的亲人寄钱表达自己的心意。每次寄了钱，我很少在汇款单附言栏里写些祝福的话。时间长了，我和邮局汇兑窗口的那位收汇员混得比较熟，有时我们也谈一些自己的人生经历。

她看上去年龄和我差不多，人长得一般，但她说话的声音很好听。当她得知我是一个外地人时主动问寒问暖。在这个举目无亲的小城听到一两句安慰的话，我总能找到家的感觉。今年母亲节前夕，我收到几百元稿酬后径直寄给了母亲。填好汇款单后，她问我：“为何不在汇款附言里写一些问候或祝福的话？”我说：“经常和家人联系，没什么可写的。”她只是淡淡一笑，那笑里藏着一种说不出的语言。钱汇出后不久我就收到了父亲的来信，信中父亲问我怎么在一张汇款单上有两种笔迹，而且汇款附言里娟秀的字体是女孩子写的。我感到很蹊跷。

当天我就给父亲回了电话，说我没写附言更没有女朋友。父亲不信，他说：“你女朋友肯定通情达理而且很有文化，不然写不出那么好的话。”我问是什么附言，父亲说附言是这样写的：“母亲，你的前半生我没有参与，你的后半生我将奉陪到底。祝你健康，幸福。母亲节快乐！”听到这样温情的附言，我心里充满被人关心的温暖，淡淡的，涩涩的，说不出，道不明。

没过多久，我就忘了这件事。那段时间我写得很勤，稿酬也很多，到邮局拿稿酬常碰上她当班。有一次在邮局我突然想起了那件事，我问她：“母亲节前你是否在我的一张汇款单里替我写过附言？”她还是淡淡一笑，笑得很纯真。她说：“是又怎样不是又怎样？不过我要提醒你，金钱不是唯一尽孝的方式，有时候一句普通的问候胜过任何物质的付出。常人只注重从物质上关注自己的父母亲，其实，父母亲需要的是儿女精神上的关照。你以后有空多给父母亲写信吧，哪怕几句话也行。在我们眼里很平常的几句话对他们来说是一种莫大的安慰。”说完她又忙了起来。我的心被她湿润了，我想如此善解人意的女孩肯定有一双幸福的父母和一个诚挚的爱人。

由于工作忙，我很长一段时间没有去邮局。有一次路过邮局我停了下来，没别的事，只是有一种想见见她的冲动，同时也想告诉她我已养成勤写信的习惯。在邮局我没有看见她的身影。我向她的同事打听她的下落，她的同事告诉我说：“她刚结婚去度蜜月了，临走前还嘱托我说，如果有一个说普通话的外地青年来拿稿费，给家里汇款时别忘了提醒他多给父母写信。”

一种甜蜜的惆怅瞬间侵占了我的全身。从此以后我换了一个邮局寄信汇款，也加大了写家书的频率，不为别的，只为那个在汇款单里替漂泊在外的游子写附言的女孩。

你所说的话就是所修的路

弟子跟着师父进城化缘。

进城后，车水马龙好不繁荣，弟子说：“师父，今天我们肯定能化到不少东西。”师父不语。弟子刚说完，一家店铺的主人狠狠地从店内扔出一个玻璃酒瓶，酒瓶摔在路上碎了。

师父驻足，弯腰捡拾玻璃碎片。弟子不解问道：“我们不经常到城里来，多管闲事干什么？反正玻璃又扎不到我们，还是赶紧去化缘吧。”

师父指着不远处向他们走来的一个人说：“看见了吧？他拄着拐杖，走在盲道上，是个盲人，万一被玻璃扎到怎么办？这大街上人来人往，碎片很容易扎破车轮，还有许多人穿着凉鞋，不小心踩在上面会伤着脚。”

弟子为师父的善举油然起敬。他们将玻璃碎片全部捡起来倒进垃圾桶里，然后开始化缘。在一家店铺门口化缘时，店老板一脸的不屑一顾，不怀好意地骂他们：“像你们这样穿个和尚服，骗人钱财的我遇到得太多了，你们以为穿个马甲我就不知道你们行骗的行径？还没开张就来要钱，晦气，真晦气。滚开，滚开，赶紧消失，不要影响我的生意，否则我要报警。”

面对无理的指责谩骂，弟子准备发怒和店老板论理，师父拉住了他，说：“息怒，对不起，施主，打扰了。祝你生意兴隆，广结善缘。”

他们刚离开，附近的一个店主人走过来对刚才无理的那个人说：“他们肯定不是骗人的，因为我刚才看见他们扶着盲人过街，而且将他人扔在地上的玻璃片捡到垃圾桶。如此心存善念的人怎么会骗人呢？”说完，他主动给师徒两人送上一份心意，并热情地祝他们一路平安。师徒两人微笑着鞠躬，表示谢意。

弟子说："师父，世上还是有好人相信我们。"师父说："记住，我们所说的话，付出的善举就是自己所修的路。心存无边善念，路不会断头！手付举手之劳，缘不会尽头。总会有人扶你一把。"

良言一句三冬暖，恶语伤人六月寒。善良的话是春风，使万物春意萌动，明媚灿烂；恶言是一把毒剑，斩断善举，阻挡友爱，使爱意凋零，善良枯萎。我们说出的每一句话就是为自己铺在今后道路上的每一块砖，好人缘就是好材料，好材料铺就好未来。

你有一元零钱吗？

大学毕业后，他远离家乡来到一个南方小城工作。三年后经人介绍，他有了女朋友。像恋爱中的许多男女一样，他们无非是经常到咖啡厅或者歌厅喝喝茶，聊聊天，唱唱歌。每次外出购物消遣，他总是主动买单。每次买单，他总要详细看消费明细账目，有时还一笔一笔精确计算，有时店家不慎算错账，他都会当着她以及她朋友的面，当面要回让他多付的零钱。这让她在朋友面前很没面子。也许是城市出身的缘故，她嫌他小气，斤斤计较，没有一点绅士风度。他对此总是笑笑，不说什么。

有一次他们外出打的，下车后计费器显示应付金额为9元，他给司机10元钱。按理来说司机应找他一元，也许是没有零钱，也许是司机认为区区一元钱不足挂齿，没有任何找零的打算。他坐着不动坚持让司机找零。

司机脸色不悦地说："大男人还在乎这一元钱啊，我还头一回遇到这样的人。"说完态度很不友好地找给他零钱。这让她十分尴尬。

她指责他没有一点风度，为不起眼的一元钱和人计较。他一本正经地说："该给他的我一分不少，该给我的他也应一分不少。这就是规则。你到外边买东西，少一元钱，人家会同意吗？我不是刻意要这一元钱，我只是想把它攒下来以后给你乘公交啊。”

她心里埋怨他的迂腐，他的小农习气。这种虚荣和埋怨像一粒种子深深地埋在她心里。

他的住所与她家有好长一段距离，每次两人分别送她上公交车时，他总会问她：“你身上有零钱吗？”还没等她回答，他早已将握得发热的一元硬币塞到她手里。想到他的小气，她冷冷地揶揄他一句：“我有零钱，不用了，还是你留着以后打的吧！”无论她怎样拒绝，他坚持把硬币塞给她，送她上车，给她找好座位等她坐好后才下车。

后来，他们分手了，是她提出的。

再后来，她有了新的男朋友，男朋友表现得很大方，乘车时不但不要一两元的找零钱，反而还给司机一些小费，从不为几元零钱与人斤斤计较。这给她在朋友们面前长足了面子。

她是个记性很差的人，生活上丢三落四，常常出门时将钱包、手提袋、钥匙什么的忘在家里。每次和她分别时，他送她上车，他从不问她身上是否有零钱。在他眼里，这些是很不必挂在嘴上有失风度的小事。

有一次他送她上车，车走了一段路程，当售票员走到她面前示意她买票时，她才发现自己忘了带钱包。她解释说自己真的忘了带钱包，明天一定带给她。售票员当着一车乘客的面说：“如果大家像你这样都忘了带钱，公交车岂不成了慈善机构？大家请看，这位小姐竟然想坐免费的车，我们可不是雷锋哟。你恐怕找错地方了吧？你这样的人我遇见多了。我们没有免费的座位，请你下车！”车里的乘客发出哄笑。她的解释起不了作用，售票员的尖酸刻薄让她十分羞愧，窘迫，她红着脸含着泪赶忙下了车。

走在路上，她想起了他。有好几次她都忘了带钱包，他送她上车时问她是否有一元零钱时，她称自己有，上车后才发现自己没有带钱，他的细心让她免了几次尴尬。她心里酸酸的，汹涌着一种说不出的东西。

这一次他们又分手了，不知为什么，她总是怀念他的那句“你身上有一元硬币吗？”

他的爱琐碎、小气，像一元硬币，无论她是否需要，都被他时刻握在掌心，准备随时递出；而他的爱却像镶着金边的过眼云烟，绚丽诱人，但都借着太阳的光，来得快去得也快。

她需要的不是一元硬币，而是从肺腑深处真切地流露出来的一种温度啊。

你总得带上些什么

寺庙里的柴米不多了，早上，老和尚让小和尚下山去化缘。

傍晚，小和尚两手空空回来了，老和尚问：“今天有没有遇到好心的施主？化了些什么？”

小和尚说：“山下村民遇到灾荒，地里的庄稼全被蝗虫吃了，庄稼颗粒无收，日子很不好过，没有化到柴米。”

第二天，老和尚还是让小和尚下山化缘，临行前他交代说：“既然山下遇到灾荒，你就到远一些的地方吧，说不定那里的情况会好些。”

天下起了大雨。不到中午小和尚就回来了。老和尚问：“今天怎么这么早就回来了？”小和尚说：“通往远方的桥被洪水冲断了无法过去，也没有渡船。只好空手回来请师父指教。”

第三天雨过天晴，老和尚给小和尚交代了同样的任务。这次小和尚向师父保证决不空手回寺庙。他蹚过一条河，到了另一个村庄。然而所看到的景象实在是太惨了，由于洪水引发瘟病，疫情蔓延，家家户户紧闭大门，无论怎样敲门，就是没有人理睬。即便好心的人家开了门，但家里没有米下锅。灶膛空空已几天没有烟火味了。小和尚怀着忐忑不安的心情回寺庙，他心里想着怎样回答师父的发问，做好了接受批评的准备。

师父静静地坐在暮色中的庙台上，台上泡着两壶茶，静候小和尚的到来。小和尚轻轻推开庙门，长跪不起。师父说："起来吧，口渴了，先喝点水。"小和尚不知道师父怎样发落他，还是长跪不起。师父一把将茶壶推倒在地上，摔成几片。茶水很快渗进泥土不见了。

"把茶壶里的水给我收上来。"师父严厉地说道。

小和尚抬头，怯怯地说："师父，覆水难收啊。你惩罚我吧。"

"记住，你说出的话就像刚才泼出去的水一样，是肯定收不回来的。但有一点是肯定的，水渗进泥土里了并没有消失。"小和尚明白师父的意思。

师父说："你出门三天，总得带回些什么。第一天下山化缘，遭遇蝗灾，你可以捡拾一些枯干的木柴；第二天化缘，尽管无法通往更远的地方，但你可以就近采一些山果，哪怕一壶水，一粒掉落在地上的麦穗，一朵田野里的花；第三天你可以更多地带来那些需要安抚的人的信息，有多少人生病我们就可以送出多少份祈祷。尽管这些都很琐碎、渺小，并不是你真正所需要达到的目的，但一把灾荒中的干柴，即便暂时没用，堆放在墙角可以备不测之时用，助我们渡过难关；你付出了走路的辛苦，带回一壶很普通的水，可以浇灌后院的花草，让我们的后院芬芳常驻；远处的一壶水可以体现你走路的价值；一个需要祈福的信息也是你化来的缘啊。"

这是我虚构的一个故事，我觉得我们就好比那个小和尚，生命就像那个让我们出门化缘的老和尚。生活中的每一天都是生命的一段旅程，一天的旅程尽管很短，但也有值得我们带回来的东西，比如在忙碌的时候，偶然听到的一段轻松美妙的音乐，在上下班路上无意中看到的一个暖人的瞬间，一只在窗外翻飞用翅膀裁剪云朵的鸟儿等等。这些尽管很常见，但是只要用耳静静地听了，用心慢慢地体悟了，用眼感激地捕捉了，都是每天的生活送给我们短暂旅程的礼物。

天空是心灵的口粮，当晨曦照耀我的窗户，我迈出今天的第一步时，出门做一个深呼吸，然后提醒自己：你总得带上些什么。

其实你不懂母亲的心

今年是父亲的本命年，我把父母亲从远方的老家接到我工作的城市住了几个月。考虑到年过六十的父母亲出一趟远门不容易，我和在深圳工作的姐姐每人给父母买了一枚金戒指。三个月后，父亲听说奶奶生了病，就要急着回家。

快回家的那几天，我带母亲到商场里给她买衣服，我选中了一款适合她年龄段的真丝名牌衣服，让她试穿，母亲不试，她说太贵且穿上去肯定不好看。我说钱是次要的，关键是要让你穿得气派、年轻、舒适。母亲不试。商场里的员工看透了母亲矛盾的心思，极力推荐这款衣服，说很适合母亲的年龄和肤色，穿上去肯定要显得年轻些，前两天好几个和母亲同龄的老人都买了。我站在一边极力附和售货员，以此打动母亲。

母亲只得依了。穿上那件衣服，母亲显得很得体、精神，气质比以前好多了。我说好，就买这件。就在我即将去付款的时候，母亲说："等等，这件不错，让我试试看。"很快，她拿起衣架旁边的一件灰色的看上去很老气的衣服走到试衣间，出来后她一脸的欢喜。这里摸摸那里揪揪，像个孩子，内心的喜悦溢于言表。我一看价格，是打折处理的便宜货，不足一百元。我阻止母亲穿她挑选的那件衣服。她固执己见地说："就买这件了，我喜欢，刚才的那件我穿着不自在。"

我不答应，有点生气地说："人家打扮自己恨不得显得越年轻越好，你却反而让自己越打扮越老气。”听了我的话，母亲很失望，不说话。最终我给她买了那件三百多元的名牌真丝T恤衫。

回家的路上，母亲埋怨我太浪费，嘴里一直小声念叨着说：“我老了，只剩下一把老骨头，穿那么好干什么。”这句话她说个不停，我有点不耐烦地说：“辛苦了大半辈子，该享受的时候就要享受，钱算什么？”母亲无语。

第二天我去上班，下班后发现我买给母亲的那件衣服不见了，取而代之的是昨天她自己挑的那件便宜货。我问：“妈你又买衣服了？”母亲说：“我把那件衣服退了，昨天晚上一夜都睡不好觉。三百块钱可以抵得上几百斤粮食，可以买几十桶油啊。剩下的钱我给你老家的哥哥买了条裤子，他种田挺苦的。”我很生气地说：“你总是这样，我会给哥哥买衣服。”

也许是我说话口气重了些，母亲长长地叹了口气，欲言又止，然后马上转过身子。父母亲临行前的那天晚上，我一个人到商场把最初的那件衣服买了下来，晚上趁母亲休息时悄悄装进他们的行李箱中。

父母亲回到家后不久，我收到了一张父亲的四百元的汇款单，这让我不可理解。我打电话给父亲问怎么回事。父亲说：“这是你妈平时积攒的你们给的零用钱，你妈说尽管钱不多，但你凑起来以后买房时可以多买几块砖，这样你经济上就不会太吃力。”我问：“妈现在穿那件衣服吗？”父亲说：“回去后她舍不得穿，你不听她的话，你妈还掉眼泪呢，她还是穿自己挑的那件衣服。这孩子，其实你不懂你妈的心，她喜欢的才是最好的。”

失落、内疚、自责、不安像藤条缠绕我心头，顿然明白：其实我们真的不懂母亲的心。原来我们自以为是的爱，对母亲而言反而是一种负担和煎熬。

红尘中自负的朋友们，如果你爱母亲，就请你，尊重她的选择。爱不是你付出了多少，而是你尊重了多少，付出只是爱的载体，而尊重才是爱的灵魂！

日记，生命的后花园

从情感和生活的角度讲，日记带有很大的私密性。在人生长河中，在纷繁多变的生命舞台上，日记是从生命源头上湍湍流下的一股细流，翻腾着生活的喜怒哀乐；那些片片段段好比舞台上演绎人生百味的黑白琴键。倘若把人生比作一座高峰，一篇日记就是一级通向山巅的台阶。记录喜怒哀乐的感情和思想就好比缆绳和扶手，贯穿于人生每个阶段的风景。

在时空深处，日记是一坛醇酿，尽管只是一个人独自品味，但因为有了感情，有了思想，有了私密性，就显示出了其珍贵的一面。从终极意义上讲，我们都是孤儿，但有了日记，我们就有了自己理想的去处。有些话、有些事、有些人我们不便诉说，而日记就成了我们生命的后花园，尽管这个花园在别人眼里看来只是一块小小的土地，没什么绚丽的色彩，但对于写日记的人而言却是一块无价的宝地。在这块自留地中，我们与自己对话，享受生命本身的幸福源泉，其中的一沙一砾一草一木一人一事是我们精神世界里从平凡的生活中提取的一把果实。

我认为一个有写日记习惯的人是富有的，尽管这种富有不能带给我们任何物质世界的满足，但因为有了她，我们的心灵每天被生活中值得感动、思考、记录的片羽围拢着。如果一个人不但有写日记的习惯，而且对日记有对情人那样的感情和痴迷，他不但富有而且年轻。

对于日记，无须用太多的修饰和辞藻，借用钱锺书先生的一句话，大概就是：“如果你吃了母鸡下的蛋觉得味道不错，何必计较母鸡的模样呢？”这句话可不可以这样说：如果你觉得写日记带给你快乐，何必在乎辞藻的华丽与否呢？辞藻只是形式，好比一个人穿的衣服，如果你觉得这个人有气质、内涵和品位，值得你去爱恋，你会在乎他（她）所穿的衣服的价格和款式吗？

金玉其外，败絮其中。有了真情，有了对生活真实的态度和真切的体验，日记就有了灵魂。好比酒中的酒精，好比面团中的酵母，好比花园中的花草，日记使我们的灵魂有了质感。

每当翻看自己多年前写的那些日记，我仿佛回到了那个单纯的年代，如同一部黑白老电影，一帧一帧翻阅，时间一点一点轮回，一股甜蜜的感觉油然而生。此时此刻，简单的心乘着情感列车缓缓深入到时空隧道的最深处。每一个站点总有一些故事，每一次停顿都有新发现，每一扇窗口都有新容颜。那些开放在心灵原野的花儿馨香依然；那些感动过自己的故事色彩依旧；那些苦涩、伤感、单纯的爱情点滴魅力不减；那些让人落泪的瞬间温情仍在。

人生是流动的风景，日记是凝固的台阶。拾级而上，远去的从前、变换的容颜就是一部黑白默片，诉说着多味的人生。

没事的时候就到这个后花园来坐坐吧，清风明月一壶酒，酒尽日月长，园中天地大。

软绳捆硬柴

有个青年因为个性很强，他总是和周围的人处理不好关系。尽管他没有得罪谁，心眼也不坏，但是很少有人愿意和他交朋友。孤独的他，选择闲暇时间以外出旅游摄影的方式排遣这种郁闷。

他所在的城市郊区有座山，山上有许多树，附近的村民经常上山来砍柴。有一天，青年因为一件小事和同事发生争执，尽管责任不在他，但他据理力争，越解释，情况越糟糕，很少有人站在他那边为他说话。这让他很不愉快。下午下班后，他背起相机到郊外的山上摄影散心。

山上，他遇到一对在丛林中砍干枯的树木的父子，他将镜头对准赤膊砍柴的父亲。斜阳下那位父亲古铜色的臂膀肌肉突出，用力挥动着锋利的刀，汗珠水一样从他布满皱纹的面颊流下。青山绿树、晚归的鸟儿、从远处飘来的炊烟将他的镜头渲染得如诗如画。他快速按下快门，捕捉了这动人的画面。

他站在不远的地方观察砍好柴准备捆绑后回家的父子。父亲砍的柴比儿子多，捆起来很吃力。只见父亲蹲下身子，抱起粗细不一的柴拦腰放在细绳上，攥紧绳的两头，然后将膝盖紧紧地垫在柴上，猛抽动细绳迅速打了个结。坚硬的柴被细绳捆绑得紧紧的。儿子砍的柴少，他用干枯的细枝捆绑，还没等将树枝的两头连到一处，树枝早就从中间折断了。他又从旁边的树上折了一根更粗的树枝捆绑柴，由于用力过猛树枝又被折断了。

抽烟小憩的父亲笑着对儿子说：“哪有你这么傻的人？干柴本来就很硬，你再用很硬的小树枝捆绑，不断才怪哩。你要充分利用干柴的特性，用软绳捆硬柴，既不费力又很轻松，背起来又很轻巧。不信你找根细细的没有干枯的柳条捆着试试看。”

父亲给儿子折了根细柳条，手把手地教儿子捆柴，一眨眼的工夫就捆好了柴。

这一幕让他看得很温暖，他抓住这个细节拍了一个特写镜头，注视着说说笑笑的父子背着硬柴愉快地下山。

他细细体会那位父亲说的“软绳捆硬柴”，觉得很有味道。回去后，他慢慢收敛了自己的个性，学会了宽容、谦让、沉稳。在与人交往的过程中，他学着站在他人的立场想问题，他的朋友多了起来。有人问他在很短的时间里怎么赢得友情时，他讲了父子捆柴的故事。

后来他的那幅题为《软绳捆硬柴》的摄影作品在一次摄影大赛中获了奖。

硬柴在细处断。为人处世与人交往，不同人有不同的个性，有的个性好比硬柴，有的好比细绳，当硬绳捆不了硬柴时，我们不妨主动示弱，真诚地露出自己不足的一面，用细绳般的柔韧化解干柴的坚硬，将硬柴背在身上，这样或许更容易蹚过友情的河流，翻过陌生的大山，绕过荆棘，一路花香，拍摄远方诱人的风景。

伤心的时候就去看云

羁旅他乡，孤独寂寞、痛苦伤心的时候，心就显得很脆弱，像春寒料峭时的冰，又像三秋过后落英凋谢的树。于是，我就打电话给远方的姐姐倾诉。

有段时间，失恋，心情很低落，像空空的山谷一样坦荡、寂寥，没有鸟语花香，没有蜂舞蝶飞，有的只是感情的枯枝败叶和淤泥沙土，一片荒凉。

晚上，我打电话给姐姐。同样学过中文的姐姐说："相恋是森林中的一棵树，一棵树并不意味着一片森林，等走过了，才能看见真正的森林在后面；失恋是一个梯档，等登到顶峰了，才发觉，原来，另一个梯档同样可以把你送往高处，迈过失恋这个梯档，高处的风或许更凉快宜人。伤心的时候就去看云吧。"

我不解。看云有什么用呢？能带走事业的成败、爱情的伤痛吗？

姐姐很有耐心地安慰："知道吗？看云有三重境界：其一，看云是云。其二，看云不是云。其三，看云还是云。看云是云，好比你所爱的人，相识时一切那么美好，纯洁、浪漫、自由、飘逸，全是优点和美好的一面。看云不是云，如同经历热恋后两个人都熟悉了彼此的习性、脾气、爱好、缺点，才发现，当初的云并不是那么完美。看云还是云，最终有一片云属于你，原来两片分离的云经过风雨的洗礼修补后能组成一幅镶着金边的图画，你就会明白，适合自己的那片云才是最好的。”

“可看云解决不了现实问题，带不走我心头阴影啊。”我还是困惑地问。

“或许对你而言，第一片飘过视野的云是最美的，可是云有卷的时候，也有舒的时候，哪里的云不化雨呢？你只知道天上的云，美丽、耀眼、过目难忘，可经过风的作用化成雨后的云，可以浇灌你脚下的土地，使荒芜的地方长出鲜花芳草，使干旱的地方湿润散发生机。你的伤心来源于只盯着天上的云，而忽略了风中降落化为雨水的云。只要有风，没有吹不走的阴影。懂吗？亲爱的弟弟。”

姐姐的话，像雨点，轻轻落在我失意的心上。把我的心浇灌得渐渐湿润，萌生绿意。

我点头，应诺。姐姐说：“想开些，爱情像云像雾又像雨，只要有风就有雨。伤心的时候去看云，记住啊，不只看天上的云，更要看风中翻卷降落的云！”

我说：“天亮之前我会终结悲伤。”

现在，走过了那段迷茫伤心的日子，遇到不顺心的事情，我就会想起亲爱的姐姐。我知道，风来了，天上的云就可以下降，变成雨，而内心深处，绿意萌动，将眼睛染得一片明媚。

上善如桥

有个朋友要申报高级职称，他将所有的评审材料和证件原件装进一个信封袋，准备寄往上级主管部门。这次职称申报评定直接决定着他今后的工作岗位、级别和事业发展，重要性可想而知，他丝毫不敢大意，有用的文字材料、表格、证件，他一份不落。准备邮寄出去的前一天，他和家人复查了好几遍。

第二天，他填写好详细的收信地址、收信人，将申报材料封口、贴足邮票后夹在自行车后面座位上。他居住的地方正在修路，道路颠颠簸簸，在街道上拐了好多弯，到邮局时他傻眼了！夹在车后面的材料早已不见了。这让他心急如焚，非常不安。他立马掉头，按照当时行走的路线仔细寻找，不放过任何一个容易颠簸掉东西的地方，找来找去找遍了每一个角落，向许多行人和施工的工人打听，还是没有找到。

他沮丧地回家，为自己的大意懊悔不已，同时抱着侥幸心理，希望哪个好心的人捡到后按照上面的地址给他送回来，他更希望好心的人能将信投入邮筒。等了两天，望眼欲穿的他始终没有等到福音。于是他打印了许多寻物启事，张贴在大街小巷，为了保险起见，他还在电视台、报纸上花重金登了启事，并申明如果谁捡到他的材料他必当面重金酬谢。最终他没有等到任何消息，他为此茶饭不香，寝食不安。

一星期后，他接到上级打来的电话，说他的材料收到了，请放心。当时接到电话时，朋友激动得眼泪都流出来了。不久他心想事成，评上了职称，职务得到了升迁。有一次，他和我聊天时不无感慨地说："是陌生的朋友的善举成全了我。当时那个素昧平生的朋友完全可以将材料据为己有，甚至可以按地址到我处拿一笔酬金。正是这形式上轻如鸿毛的善举，成就了我重如泰山的事业。我的心被长久地感动着，我知道以后该怎样对待陌生人了，从那以后，我养成了对每一个擦肩而过的陌生人微笑的习惯，我常常心里提醒自己，多对他们微笑，尽可能地友善一点吧，说不定，其中就有为我邮寄材料的朋友。"

这让我想起多年前的一件小事。有一天夜里和父亲乘着夜色到村庄边的田里给麦子浇水，在浇完水回家的路上我们刚经过一座独木桥，还没走多远，就听到身后不远处的独木桥断裂的声音。“不好了，肯定是年久腐朽的桥断了，我们得想办法赶快把桥修好，不然会跌伤后面的浇水的人。”父亲庄重地说。我说：“这么晚了到哪里找木头修桥？还是回家休息吧，反正后面浇水的人是邻村的，谁也不认识谁，且桥不是我们走塌的。”父亲用不容置疑的口气命令我打着手电筒走到断桥那里不要离开，并提醒可能路过的行人，他回家拿块木板来把桥搭好。

夜深了，我遵从父亲的命令，坐在断裂的独木桥旁。坐着坐着我竟然睡着了。迷迷糊糊中被一阵铲沙石的声音惊醒，只见气喘吁吁的父亲拆掉断桥，准备将一块厚实的木板搭在原来的位置。由于搭桥心切，父亲不小心被泥滑倒，跌了一跤。他起身没有叫疼，让我打着手电筒，铲土、垒石、用力夯台子，然后用脚踩支撑木板的台子。夯实台子后，他将木板稳稳当当地搭了上去，然后来回走着试了试，桥不晃动后，我们父子俩才拖着疲惫的身子回家。

在路上父亲说：“我们多付出点，后来的人就不会遭遇到想不到的祸，我们不是在为别人搭桥啊，实际上我们在为自己修路。”我觉得平时不多言的父亲在夜色中一下子高大起来。

第二天我发现，父亲把家里准备做家具的一块最好的木板拿去搭桥了。我明白了没钱没势的父亲为什么会在村里有好人缘，处处受人尊重。

生活中有些善良我们看不到，有时它微小得像一粒沙，但是如果积累多了就变成了一级台阶，助我们登高步入幸福的殿堂；有时它直观得如一座桥，铺展了就变成了一条路，不同的脚步就有了相同的回声：心存善良这粒种子，再卑微的心灵也会闪烁太阳般的光芒，一路花香，走在生命的两旁，随时播种，随时开花，将这一径长途点缀得花香弥漫，使得穿花拂叶的行人，踏着荆棘，不觉得痛苦，有泪可挥，却不是悲凉。

深沉是一滴水里的海

深沉不是做作，不是装腔作势，也不是故作潇洒，而是一种源自成熟心灵的由内而外的表现。深是思想的境界，沉是成熟的结果。

好比一个开过花的果子，开花只是深沉的外衣，而脱去外衣后成熟的果实露出的坚硬果核才是其深沉之所在。

大海不深沉，面上无法负载航船，底下无法生存水生动植物；高山不深沉，谷间就无法回鸣山涧清风，山巅就无法容纳攀登者的脚步；夜色不深沉，就无法对接白天和黑夜，牵连月亮和太阳。

深沉是掩埋在黄沙下面的金子，没有岁月风霜凝重的淬炼，没有千淘万漉的艰辛磨炼，就无法发掘出其真金不怕火炼的本质。深沉是一滴水里的海，一滴展示着海纳百川的气势和广阔的海，一滴展示着“星汉灿烂，若出其中”的深邃的海。

深沉不是一朝一夕的功夫，而是一个心灵承受生命所不能承受之轻和之重后逐渐收敛的气质。一个真正深沉的人，必有一个成熟的心灵，这种深沉是刻意包装不出来的。深沉与世故有着本质的区别，深沉是沉着、冷静、持重，思想感情不轻易外露，而世故是待人圆滑，八面玲珑，不得罪人，是好人主义。世故的人是墙上的芦苇，遇到风就会失去方向和原则；深沉的人是峭壁上的荆棘，尽管外表冷峻，但根底却深深地扎入石缝，大风吹不折，暴雨冲不垮，利剑斩不断。

有一句俗语这样说的：“满瓶子不响，半瓶子晃荡。”满瓶子不响，既是一种谦逊又是一种深沉。深沉让人有坚定的立场，拥有这种气质的人，无论在怎样困厄的境遇中，都能完成所肩负的使命。而世故的人，他的立场会因为圆滑而变得脆弱失去自我。

深沉是一滴水里的海，若想成为坚强的人则必须像水一样：没有障碍物，海里的水便流动，有水坝、大堤便不流动，但仍在渗透；拆去水坝、大堤，这滴水又开始流动；装到方形的瓶子里它就变成方形，装到圆形容器里它就成为圆形，但最终不论装到怎样的容器里，其深沉的本质没有改变。因为这滴水所具有的本性比任何世故、圆滑要强。

有时，深沉需要一种方式来承载、表达，好比一个人的形象需要发型、服饰、语言来衬托一样，衣服、发型、语言就是他的第一形象。外表是深沉的一个奇妙曲解，往往当我们最相信自己是深沉的时候，也就是我们离深沉越来越远的时候。

阅尽大千世界芸芸众生的面孔，品味滴水人生的滚滚波澜，深沉就像一滴水里的海，浓缩着智慧，浓缩着才干，浓缩着气质，舒展着人生最广阔的一面，钻探着生命最深邃的一块宝贵资源，闪耀着我们最具魅力风度的一点。

受伤的核桃树

老家里有几棵核桃树，每年春夏之交，长得枝繁叶茂，一派欣欣向荣的景象。没事的时候我就数树上的花朵，看看今年到底能结多少核桃。数不胜数的花让我心里暖暖的，今年核桃肯定能够大丰收。我望着核桃树发呆，脸上的表情丝毫掩饰不住对丰收的渴盼。

核桃刚成形的时节，邻居家馋嘴的小孩经常趁我们不注意的时候，用石块、长棍朝我家伸出墙外的核桃树枝一阵乱打。等我出门时，他们早已跑得无影踪。看到地上被打落的树枝和叶子，我很心疼。毕竟果实还没成熟不能入口啊。再看看被打伤的核桃树，有的树枝被打断了，歪歪斜斜掉了下来；有的枝丫主干被打断了，仅仅连着一点点树皮；有的核桃皮被打烂了，惨不忍睹。我很痛心地叹息道："完了，今年的核桃肯定减产了！"站在一边的父亲却笑嘻嘻地说："这是好事啊，这是好事！"我弄不懂父亲到底是什么意思。父亲说："等秋天收核桃的时候你就明白了。"语气平和坦然，一点都没有责备人家的意思。

此后，经常有不懂事的小孩子光顾我家的核桃树，趁我们不在家或者不注意的时候袭击我家的核桃树。我想出门拦阻时，总被父亲劝住："由着他们吧，实际上他们在帮我们的忙呢。"父亲如此宽宏大量，我也不好再说什么了，眼睁睁地看着他们由着性子用石块、棍子和我家的核桃树"亲密接触"。

快到秋天收核桃的时节，我发现我家的核桃树遍体鳞伤，几乎没有一根完整的树枝。同时，我发现了一个奇怪的现象：被小孩子打过的核桃枝上的核桃比没有被打过的树枝上结的核桃大多了，而且结的果实也比一般的多。核桃成熟后一尝，果然受伤的核桃比没受伤的核桃可口得多。这引起了我浓厚的兴趣，便向父亲请教其中的原因。

父亲解释说："核桃树的脾性和一般的果树不一样，越是使它的枝丫受伤，它长得越茂盛，果实越香，而且第二年比第一年更好，尤其是正在结果成形的时候，受的惩罚越多越利于结果。"吃了多年核桃，我从没深究过其中的奥秘，父亲的一席话使我恍然大悟。

第二年，挨打的那些枝丫长势比第一年还茂盛蓬勃，花开得更艳更密。

我在想，这个植物界的道理同样适合我们。一个人如果在适宜的方式下受到更多的痛苦、灾难、挫折，他生命的枝头结的果实就比顺境中结出的果实更甜更香些。好比成功不一定要经历失败的过程，但可以肯定，在失败的逆境中人的潜力比在顺境中发掘得更深些，更大些。

于自然界而言，或许命运更喜欢垂青那些伤痕累累却又倔强地迎着灾难和风雨生长的种子；于人生而言，或许命运更喜欢将最丰硕的果实馈赠给那些含着泪微笑的灵魂。

第三章

突破人生的瓶颈

生命没有高低贵贱。一只蜜蜂和一只雄鹰相比，虽然微不足道，但它可以传播花粉从而使大自然五彩斑斓。

突破人生的瓶颈

有家五星级酒店举办了一次规模宏大的人才洽谈会。此次人才招聘会的最低条件是大专学历、工作三年以上，本科的或者拥有研究生学历的人才优先考虑。一些跨国公司纷纷到会“相马”。用人单位的房间分布在10层到25层之间。如应聘者从设在一楼的信息中心选出合适的单位，就可以直接到相关的房间进行洽谈。

各路人才听到消息后潮水般拥向该酒店，短短的时间内一楼的信息中心人才云集。电梯上下站满了求职者。由于过于繁忙，不到一小时电梯在一楼发生故障。酒店工作人员解释说修好电梯需要几个小时。许多求职者围在电梯门口，有的埋怨电梯拥挤，有的埋怨酒店硬件设施不够，有的闲坐在沙发上看报纸和求职信息，有的本想上楼但算了一下，从1楼到25楼需要登近1000个台阶就退却了，始终没有人愿意直接从楼梯走向用人单位所在的房间里去洽谈。原因很简单，他们都嫌弃楼层太高，上楼太累，个个坐等电梯排除故障，都不愿意出一点力气上楼或帮助修理人员修电梯。酒店的修理工满头大汗一身油污地修理电梯时遇到了难题，他们问在座的求职者谁懂机械修理请帮忙一下。那些西装革履的求职者生怕弄脏了自己的衣服影响形象，而以不懂为由拒绝了修理工的请求。其实，他们中间有不少人懂得机械修理，只有几个大专生愉快地帮助修理工排除了故障。

各大公司的人事主管足足等了一个上午，没有几个人从楼梯走上来洽谈。他们没有时间等待那些坐而论道的求职者，对他们而言，时间意味着机遇和效益。一家跨国公司的经理从楼梯下楼时被求职者围得水泄不通，他没有接受任何求职者的材料，只留下了一句话："我们需要人才，更需要会抓住利用时间的人才，坐而论道不起而行之的人，机遇永远不会主动来敲你的门！"

那次洽谈会并不理想，只有几个人找到了满意的工作，其中就有帮助修理工修电梯的几个大专生。而且，那次电梯事故也是酒店和用人单位联合策划的用来检验求职者是否有敬业精神和爱心的插曲。

很多时候学富五车不如关键时刻的一搏更重要。如果坐而论道不起而行之，求职路上的一些小故障、小问题就会成为制约我们前进的"瓶颈"，不用自己的智慧去突破，我们无法打开事业成功的出口。

我很重要

二战时期，受经济危机的影响，日本失业人数陡增，工厂效益也很不景气。一家濒临倒闭的食品公司为了起死回生，决定裁员三分之一，有三种人名列其中：一种是清洁工，一种是司机，一种是无任何技术的仓库保管。三种人加起来有30多名。经理找他们谈话，说明了裁员意图。清洁工说："我们很重要，如果没有我们打扫卫生，没有清洁优美健康有序的环境，其他的员工怎能全身心投入工作？"司机说："我们很重要，这么多产品，没有司机怎能迅速销往市场？"仓管说："我们很重要，战争刚刚过去，许多人挣扎在饥饿线上，没有我们，这些食品岂不要被流浪街头的乞丐偷光？"经理觉得他们说的话很有道理，权衡再三决定不裁员，重新制定了发展策略。最后，经理令人在企业门口悬挂了一块大匾，上面写着

“我很重要”。每天当员工们来上班，第一眼看到的便是“我很重要”这四个字。不管一线员工还是企业管理人员都认为领导很重视他们，因此工作也很卖命。这句话调动了所有员工的积极性，几年后该公司迅速崛起，成为日本有名的大公司之一。

这个故事是我的一个从日本深造回来的老师讲给我听的。当时我想竞选文学社社长，但考虑到自己的竞争对手比我有许多优势后，便萌生了放弃的念头。老师说：“小小的日本，不论国土面积还是人口都不及中国的一角，然而经济实力却在亚洲遥遥领先。究其一点就是在日本不论人的地位高低，分工粗细，‘我很重要’的思想早已深入人心，把个人命运和集体的利益紧密地联系在一起，推动了整个社会的进步和发展。去竞争吧，你很重要，不要输给了自己。输给自己就等于给对手创造了赢得成功的机会。”后来，在老师的鼓励下我如愿以偿。

生命没有高低贵贱。一只蜜蜂和一只雄鹰相比，虽然微不足道，但它可以传播花粉从而使大自然五彩斑斓。

任何时候都不要看轻了自己。在关键时刻，你敢说“我很重要”吗？试着说出来，你的人生也许会由此揭开新的一页。

向谦逊致敬

谦逊是一块沾满泥巴的金子，朴素中闪耀着光芒，沉默中孕育着希望。

谦逊常常把荣誉的光环淡化为催人奋进的藤条，把耀人的成绩转化为不断进取的动力，把诚挚的礼赞编排为激扬向上的音符。

生活中，一个谦逊的人总是有很好的人缘，他的身边总是团结着真诚的笑脸。谦逊富有亲和力。与一个谦逊的人第一次见面，不用介绍，他的谦逊就是一张最有说服力的名片。一个懂得谦逊的人，往往是一个有亲和力的人。我们评论一个人的谦逊，就说他虚怀若谷。谦逊的心灵是一道幽深绵长的山谷，它可以容纳高山，也可以容纳名不见经传的小丘，它可以生长名贵的药材，也可以供养无名的小草。

谦逊不是做作，不是虚伪，不是掩饰。谦逊是一道减法后面的加法。谦逊把成绩变薄，把胸怀变厚；谦逊把耳边的恭维变窄，把脚下的道路变宽；谦逊把掌声变短，把鼓励变长；把他人看重，把自己看轻；把友爱变多，把敌意化少。

只有把自己坦率地看轻了，他人才能真诚地看重我们。好比一块金子，无论遇到再高的温度，再烈的火焰，因为谦逊的本质，我们的心灵并不因外界的轻重和自身的谦逊而减轻人生的分量，反而因这焕发金子光芒的美德而增色不少。作为人生的一种美德，谦逊常常与谦让、虚心牵连。谦让使我们得到了更多的友爱，虚心使我们获取了更多的成绩。

形容词的谦逊有一双动词的手，它朴素的外表联动了一个奔涌亲和力和感染力的心灵世界。谦逊让我们的心灵变得柔软，这种柔性的美德蕴含着一种刚性的力量。以柔克刚，我们的人生多了一种动力，少了一分阻力。它缩小了我们外在的禀性，却扩张了我们内在的风度。它淡化了有形的颂扬，却助长了无形的美德。它收敛了张扬的心灵，却张开了谦恭的双臂，让我们赢得了广阔的天地。

细小的溪流欢唱着奔向大海，它对大海说："谢谢你接纳了我卑微的身躯。"大海舒展宽阔的笑脸回答："没有你们细小的身躯汇集，就没有我宽广的胸怀。"这是一种外在的谦逊。

花朵般的学生恭敬地对老师说："谢谢老师像园丁一样无私地给我们知识的阳光雨露。"老师自豪地说："没有你们这些花朵，哪有我实现价值的园地呢？"这是一种内在的谦逊。

一块不起眼的石头被高明的建筑师砌到一座大厦中，它感激地说："谢谢你把我从河滩拉到楼顶，让我有机会俯视底下繁荣的景象。"建筑师说：“没有你们的支撑，哪有城市叹为观止的高度和堂皇？”这是一种灵魂的谦逊。

向谦逊致敬，就是为成功搭桥；为谦逊让步，就是为幸福开路：与谦逊通行，就是与友爱握手。谦逊在体现我们人格魅力的同时，也在提升我们的人生境界。

一个谦逊的人必定有不可限量的进步，一个谦逊的民族必定有不可估量的前程，一个谦逊的世界必定有不可度量的未来。

向时间忏悔

泰戈尔有句话很有意味：你最好在太阳出来的时候做些什么，不要在太阳西下的时候幻想些什么。

桃花谢了，有再开的时候。燕子飞了，有再回来的时候。春天走了，有再轮回的时候，太阳落了，有再升起的时候……

当晨曦投射进我们的窗台，当晨风吹拂我们的脸庞，当我们迈出今天的第一个步子的时候，今天就如同我们即将要发掘的埋在生活中的一块被泥沙和灰尘掩没的金子，就躺在不远的地方等待我们去发现，卖力地发掘。

可是刚出门，我们就遇到了多年不见的一个朋友，我们不可避免地要寒暄、聚会；我们赶上了堵车的高峰；我们碰见了一场有意思的争论，我们旁观凑热闹，成为生活的旁观者；我们要买当天的早报……

一连串意料之外的事情像个惯匪，躲在我们必经的路口，打劫我们的时间，我们驻足、旁观、拱手相让。我们的财富不经意间又少了一笔。

嘻嘻哈哈、浑浑噩噩间，太阳像个顽童，一个跟头栽进黑夜的深渊。

我们两手空空回到家中，什么也没有得到，什么也没有带回。我们懊丧、自责、不安，时间如同一个高高在上的判官，在我们头顶很公正地减去一笔，抹去了一些色彩。谁也无法左右他的举动。

我们是和时间赛跑的人。本来我们可以很好地发掘出那块埋在今天的金子，可是我们半途而废，让今天的方向拐弯，让早晨的目标改变初衷。那块金子被跑在我们前面的人挖走；我们的目标被比我们更卖力的人偷走。

我们随波逐流跟在他们后面，而当我们走到今天的尽头的时候，前面只剩下一些泥沙，一些前人走过的脚印，还有一个个被挖掘过的深坑。

我们叹息、懊悔、沮丧、失望。

时间有时候就是一个人。我们应该以对待恋人的热情爱恋他，我们应该以尊敬长辈的态度尊敬他，我们应该以膜拜先哲的虔诚崇拜他，我们应该以敬重师长的庄重迎接他。我想，人与人最大的区别就在于对时间的态度上吧。一个人人生的成败取决于对时间的态度，对生活的温度，对自身目标的热度。

桃花谢了，还得一年再开，燕子去了，还得一年再来，这花开花落、春去冬来的轮回中究竟演绎着多少风雨，几多无常？

时间，如同一个法官，我遵从于你的威严、你的公正，而我们实际上是你的一个罪人，我们对你的空耗、无为、庸常不就是累累罪行吗？我在你的案卷里有太多的罪行，所以，请你原谅，不管你是否原谅，我已经将你错过、空耗了很多次，所以在天黑的时候，拽住你即将隐入夜幕的手的时候，我在发抖、忏悔！

所以，我决定，从明天开始做一个有意义的人，对一抹朝霞微笑，对一缕花香感恩，把握你以分秒计算的恩赐，让我生命的天平多一个更有质量的砝码，不再因为错过些什么而叹息、忏悔！

像兔子一样奔跑

一般人很可能对兔子遇到危难时的逃生方法不太了解。这方面农村出身的孩子了解得多一些。

小时候，贪玩的我们每当暑假的时候就跟着大人们下地干活，岁数大一点的学着大人们割麦子，小一点的就捡拾撒落在麦田里的麦穗。孩子的贪玩性决定了我们对辛苦的农活没有多大的耐心和韧劲。割麦、拾穗过不了多久就会呼朋引伴、三五成群上山采摘野果、掏鸟窝寻找乐趣。有一件事情我记得很清楚。

有一次下地干活干累了，就约上伙伴们上山找野兔。在一道山梁上我们惊动了在茂盛的草丛中睡觉的野兔。听到我们的脚步声，一只野兔猛地从草丛中跃出，拼命向山峰更高处奔跑。我们想如果把野兔向山头追，野兔会累得筋疲力尽，最终成为我们的猎物，于是便一鼓作气穷追不舍，从一道山梁追到另一道山梁，从一个沟壑跳过另一个沟壑。跑在前面的伙伴使劲投掷石块，追击野兔，跑在后面的合力大声叫喊着，以震慑野兔，让其减速调转方向。

气喘吁吁地追了大半天，等到我们越过对面的山梁时野兔早已跑得无影无踪。这让我们十分懊丧。

下山后把追兔的经过详细说给休息的大人们听，大人们对我们的傻劲感到很好笑。他们说你们犯了一个常识性的错误。你们应该向下追野兔，而不应该向上追，因为野兔前腿短，后腿长，善于向高处奔跑，尤其是在遇到险境时，如果它从高处向低处奔跑，会接二连三地栽跟头，后腿使不上力气，不但不能助其逃离险境，反而会让其加速落入困境，最终成为人们的盘中餐。向上奔跑的时候，人容易疲劳，而野兔则恰恰利用身体的缺陷，把劣势转为优势，脱离险境。

大人的解释让我们恍然大悟。玩性不改的我们又兴冲冲地上山，从山头向山脚搜寻刚才逃逸的野兔。不久我们果真在野兔消失的山岭发现了啃食野草的兔子，我们蹑手蹑脚并没有急于惊动享受美食的野兔，而是分头站在高处从不同的方向包抄野兔，野兔迅速发现险情，立即跳出草丛企图向上逃跑，不料陷入了我们的包围圈，我们处于压顶之势，野兔只得向下逃跑。果如大人所言，慌乱的野兔向下跑得越快，栽的跟头越多，我们轻而易举地捕获了野兔。

现在有时在电视中看到动物世界里讲解动物逃生的诀窍，就不由得想起小时候追野兔的情景。推物类人，我们和野兔相比有时真的很相似，不同的是逆境中的人们向往顺境，把逆境当作绊脚石，在顺境中掉以轻心；而野兔却恰恰相反，在顺境中如履薄冰，向逆境深处走，把劣势化为优势，把顺境当作牵绊的绳索，把逆境当作扭转局面的跳板，短暂的逆境过后求得新生。

我们真的应该像野兔一样奔跑，跳出思维的定式，化劣势为优势，跑出光明的前程。

心中有光

有些诗句读了过目难忘。

二战时期在纳粹集中营里，有一个叫玛莎的犹太小女孩写过一首诗：

这些天我一定要节省，我没有钱可节省，我一定要节省健康和力量，足够支持我很长时间。我一定要节省我的神经、我的

> 思想、我的心灵、我精神的火。我一定要节省流下的泪水，我需要它们很长时间。我一定要节省忍耐，在这些风雪肆虐的日子，情感的温暖和一颗善良的心，这些东西我都缺少。这些我一定要节省。这一切上帝的礼物，我希望保存，倘若我很快就失去了它们，我将多么悲伤。

在食不果腹、朝不保夕的环境和条件下，玛莎仍然热爱着生命。她不怨天尤人，她只是一点一点地聚敛心里的光，生命中有限的时间少了，但她心中的光却多了；她不畏惧厄运，她只是用自己稚嫩的文字给自己弱小的灵魂取暖；她不悲观失望，她只是节省着自己的泪水和精神的火，用这些微弱的火烘烤自己所处的阴暗的角落。

这是天使的语言。乐观、豁达、坚强。字里行间充满希望，每一个音符都富含金子的硬度，每一个笔画都贯穿信念的力量。

英国浪漫主义诗人雪莱有这样一句诗：“冬天来了，春天还会远吗？”即使你处在寒冷的冬天，只要你心中有光，你就能闻到春天的气息；即使你被逆境所困，只要你心中有光，头顶的乌云总会被它射穿；即使你被挫折和失败一次次打翻，只要你心中有光，你同样可以一百零一次站起来，把苦涩的微笑留给昨日，用不屈的毅力和信念赢得未来。

海明威说过：“人可以被撕碎，但不可以被打倒。”因为只要你心中有光，任何外来的不利因素都颠扑不破你对人生的追求和未来的向往。很多时候击败我们的不是别人而是自己，对自己失去了信心，熄灭了心中那片有如火山般沉寂的光。

心中有光，那是信念的基点，那是力量的源泉，那是开启人生之路的探照灯，那是打开成功之门的金钥匙！

心中有他人

一座煤矿在凌晨突然停电，9名矿工被迫停止作业，他们只得在漆黑的深井中等待。片刻后，他们等来的不是光明，而是比停电更可怕的泥石流。汹涌而至的泥石流轰隆隆涌向他们。本能的求生欲望驱使他们拼命往主巷道跑，慌乱中一名矿工不小心被矿车夹住，动弹不得，另一名矿工陷入一个泥坑。黑暗的矿道里七名矿工停止了奔跑，异口同声地说："不能再跑，救人要紧！"两名同伴躲过了死神的第一劫。

在主巷道50多米处，他们又开始了与死神的第二次较量。泥石流滚滚向前，随时有淹没他们的可能。跑了一段时间后，他们齐心协力用煤块、石块和矿车垒起一道厚厚的墙阻挡泥石流，然后趁机后退，退到主巷道110米处，他们找到了通风巷和氧气源。

显然，在这种极度危险的处境下光有氧气远远解救不了他们。吃喝是最大的生存问题。矿井中没有任何食物，他们一起商量，不约而同想到了吃树皮。可是每个人都很疲劳，一起出动寻找树皮势必会浪费有限的精力。一个年长的矿工决定，将矿工分成三组轮流到不远处扒柳木矿柱的树皮。第一次，几名矿工扒来的树皮他们吃了两天。第二次，两名矿工使出浑身力气扒回了6根矿柱吃。光吃树皮没有水，饥饿和黑暗像猛兽一样威胁着他们，他们的身体越来越虚弱。一个年轻的矿工冒着危险在通风巷附近找到了一个足够让他们喝很长时间的水坑，这一喜讯极大地振奋了他们坚持到底的信念。喝水时他们并没有只顾及自己。扒树皮用的力气较大，年轻的矿工扒树皮给年长的吃；年长的用矿帽舀来水让年轻的喝。在黑暗中有人困顿时，年长的就会给他们讲自己一生当中遭受的磨难，他说："我一生当中经历了多次比这更危险的大风大浪，现在我不是挺过来了吗？人生的路还很长，眼前的危险算得了什么？再坚持坚持，肯定会有人来救我们的。只要有一线希望我们决不能放弃！”长者的鼓励使那些虚弱的矿工信心陡增。他们又开始了新一轮的抗争……

就在他们在黑暗中与死神较劲的同时，外边的营救人员争分夺秒地在想尽一切办法，动用一切力量营救他们。8天8夜后，他们得救了。他们创造了生命的奇迹。这是真事，就发生在我国西部某省。

这个故事完全可以有两种结局：全部或部分矿工遇难。全部遇难也有两种可能：9名矿工自私自利只顾自己不顾别人导致全部遇难；大家互敬互爱终因体力不支而全部遇难。但他们用团队精神赢得了生命的尊严和希望。从他们身上我看到了一种人性的光芒，那就是爱，爱自己也爱别人。心中有他人，这种光芒可以穿透任何黑暗的铜墙铁壁；心中无他人，即使你身边有再多的光明，最终也会被黑暗所吞噬。

忍者无敌

忍是水，稀释了痛苦的“盐”。忍是火，焚毁了误解的伤。忍是光，消融了仇恨的“冰”。忍是电，连通了隔绝的缘。

我国古代两大禅师寒山和拾得有这样一段对话。寒山问拾得：“世间有人欺我辱我笑我轻我贱我，如何处置？”拾得曰：“只要忍他让他避他由他耐他，不要理他，再过几年你且看他！”

我喜爱极了这句话。真的，当痛苦、误解、仇恨、冷漠人生的不幸包围我们时，我们不妨容忍。倘若我们的生命是一场逆风起航的航行比赛，我们无法避免大风大浪和同一岸线航船的竞争，但我们可以调整方向和心态忍让。都说忍一时风平浪静，让三分海阔天空。风浪过后必是碧波荡漾的妩媚风光。

容忍不是懦弱，不是退让，不是逃避，而是一种隐形的坚强，一种积极的进取，一种平静的突破！海纳百川，有容乃大；壁立千仞，无欲则刚。忍让呈现了我们灵魂极为广阔的一面，也展示了我们人格高尚的一面，更张扬了一种无声的风度！

《圣经》上说，当有人打你的右脸时，你不妨把左脸也转向他。这富有宗教色彩的语言，表面上看起来有点愚蠢可笑，实际上蕴含了一种人生的智慧。大音希声，大智若愚。没有谁能永远不幸，也没有谁能永远幸运，在生活中有时忍者总是不得志，总是吃亏，这只是暂时的，暂时的得意并不能代表长久的风光，暂时的得利并不意味着长久的幸福。人生的许多辩证法总是由时间来证明，时间是最好的检验师。我想说：忍者无敌！

“忍”是悬挂在心上面的一把锋利的大刀。如果不处理好刃与心的距离，我们必然流血，受到伤害，而心是阻挡这种伤害的盾牌。刃与心保持一定的距离，世界就美好了，天地就变宽了。在忍者的心底，时间总会磨去刃的锋芒。心多了一分广度，刃就少了一分亮度，心多了一层厚度，刃就薄了一层利度。

因为忍让，我们会受到嘲笑、讥讽、打击和误解；因为忍让，我们却得到了乐观、豁达、信念和力量。失去了花瓣，我们得到了果实；失去了严寒，我们迎来了温暖；失去了成功，我们得到了教训。因为，果实不容忍花瓣凋零，就无法成熟；寒冬不容忍温暖，就无法换来季节轮回；成功不容忍失败，就无法寻得突破和转折。

花开花落，忍来愁去。在人生的竞技场上，忍者无敌。

幸福的度量衡

有个在大西北当教师的同学，利用假期到南方一沿海城市看望久别的老同学。老同学见面说不出的亲切，好客的同学天天带她出入高档商厦、饭店、娱乐场所，这让长年累月待在小孩子中间、一年进不了几次城市的她大开眼界。那个在沿海城市的同学毕业五年来已经混得不错，是一个二级单位的领导，家有美丽的妻子，出入有专车接送，日子过得很风光。

西北的同学回来后，在网上的校友录班级留言中留了这样一段话：南方之行眼界大开，老同学混得真不错，太羡慕了。看着整天被幸福包围的他们，再看看自己每天单调的工作、微薄的收入，心里真不是滋味，感觉幸福离我太远了。不知我何时能过上他那样的生活。

从那个同学的留言里看得出她很失落。

几个月后，我在网上又看到了这样的留言：房子大了，心胸窄了；车子有了，走路少了；应酬多了，毛病多了；钞票多了，幸福减了。还是过平平淡淡的日子幸福。是南方的同学留的。

不久，班级论坛上发起了一场关于幸福的大讨论。我想，西北的同学在羡慕南方同学的富足时可否想过，每天被套话、好话、空话和喧闹包围的他能拥有她那样的安静吗？经常性地浸泡在灯红酒绿中，他能有她那样清新的空气吗？

后来，不知谁在网上留了这样一句话，再也没有人谈论谁幸福谁不幸福的话题了。那句话是这样的："如果你觉得自己买的新鞋子不够漂亮时，想想吧，这个世界上有人因失去双腿而不能穿鞋。"

这让我想起一个小故事。有一天小猫与老猫对话。小猫说："妈妈，我们整天安逸地晒太阳，但我仍觉得不够幸福快乐，快乐幸福在哪里呢？”老猫笑着说：“傻孩子，幸福在尾巴上！”听了老猫的话，小猫掉头咬自己的尾巴，但是不论怎样掉头转弯，它就是够不到自己的尾巴。但咬自己尾巴的过程让它觉得很好玩，快乐得很。这时，老猫说：“幸福是怎么来的就怎么去的。”

幸福就像尾巴，刻意去追逐，反而遥不可及，当我们忘我地为目标努力付出时，它又不知不觉用茸茸细毛挠我们的痒痒。

这是一个既抽象又很具体的概念。一个人对生活所抱持的态度就是幸福的长度，一个人心灵的容量就是幸福的容量，一个人为了目标付出的努力就是幸福的重量。

幸福是应该有度量衡的，多大的胸怀享受多大的幸福，多大的信念贯穿多好的生活，多大的汗水成就多高的人生。

幸福的山芋

关于幸福，就像我们吃榴莲一样，丑陋粗笨臭气熏天的外表下的甘甜，并不是每一个人都乐意品尝的。我一直认为幸福是一条路，这条路不是虚无缥缈的梦想之路，也不是铺展在我们舌尖上被音节和语言支撑的路，而是我们脚下或曲折或平坦或长或短的路。

这条路走的时间长了，我们的内心变得顽固、麻木、熟视无睹，嘴上叫苦、怨声载道。如果我们走路时眼睛仅仅是为了赶路而不是为了感受，那么这条路就荒芜了，即便路两旁有再风情万种的一束束鲜花，在麻木者眼里也无异于一株株枯黄萎靡的杂草。一道道欢快地扑腾着浪花的溪流在赶路者心里，也仅仅是一摊没有任何生命空灵的死水而已。

深秋的一个黄昏，情绪低落的我走在下班的路上，看着大街上枯黄的梧桐叶子像断翅的蝴蝶一样飘零，更添几分悲切。走到小巷的拐角处，深秋的阳光像中风的老人，不肯挪开大步，久久地停留在墙角，似乎贪恋角落里那一方宁静，懒懒地照着，缓缓地踱着小步。一个老人在角落里卖烤山芋，巷口飘来浓浓的山芋香味，浓浓的山芋香如同一个精致的发着光亮的勺子，搅得我原本对零食很乏味的味蕾泛起口水，夸张一点说简直泛起层层涟漪。于是驻足，准备买一个享受一番。也许老人看出了我低落的情绪，主动问我："小伙子脸色不好，遇到什么事了？"我想，一个卖烤山芋的老头能给我多大的安慰呢？工作调动不如意的事说给他听又有何意义呢？真是多管闲事。我阴沉着脸有点讨厌地说："没什么事，你挑个烤得好一些的山芋给我就行了。"他揭掉热烘烘的炉盖，炉壁上底层的山芋烤得像被太阳晒干的面包一样表皮一块一块拱了起来，刹那间山芋的香味扑面而来，让我的心情熨帖起来。

老人动作娴熟地给我从炉内夹出一个山芋，过秤、报价，他说："本来山芋一斤三块钱，看你心情不好，便宜些给你，算一块钱。小伙子正值年轻力壮，有什么想不开的？想开些，就像这些烤熟的山芋一样，经过了炭火的烘烤，皮就烂了，香味就散出来了。没有炭火的烘烤，即便外表再光鲜的山芋也不会有香味啊。你看有的山芋尽管表皮很光鲜，但比起那些烧焦了的山芋，味道就差多了。"

听他说话的同时，我剥开了山芋，冒着热气的山芋一入口，心情豁然开朗。看来还是美食最解烦扰。老人露出慈祥的微笑，那么坦然、淳朴，让我不由得想起远方的父亲。"现在可以告诉我遇到什么心烦的事儿了吗？"老人似乎听不到我回答就不罢休。我笑笑："也没啥，就是调动工作的事情不如意。"

"看你穿有苹果标志的衣服，皮鞋亮亮的，西装笔挺，可以判断出你的待遇不低、工作不错。我每天在角落里晒晒暖暖的太阳，看看来来往往的行人，一天卖山芋收入一二十块，幸福都来不及了，多好啊。小伙子振作些，就像我的山芋一样，只要发出自己的香味，总会有人来买。"我点点头，刚才对他的讨厌顷刻间烟消云散，一股感激之情让我用微笑向他表示感谢。很快我吃完了那甜甜的山芋，唇齿留香，一路风清云白，吹着口哨回家。和老人相比，我一天的物质所得是他的几倍，我还有什么想不开的理由呢。痛苦是比较出来的，幸福是珍惜得来的。原来，我是多么幸福啊！只是，我把这原本可以发出香味的幸福放得太轻，看得太淡，悟得太浅，远离了“炉火”的烘烤。

人生百味在路上，幸福应该是灵魂独特的一种香味。被我们忽视的幸福就像这山芋一样，只有用心怀着爱的感激烘烤，发出自己的香味，最平淡琐碎的付出也是至真至纯的幸福啊。

一张纸片的命运

上大学时，一堂哲学课给我留下了深刻的印象，至今仍记忆犹新。

记得那次期中考试结束后，班上一个同学各门功课考得一塌糊涂，在哲学课上他忧心忡忡，无精打采地听课。他的异常举动引起了哲学教授的注意。教授提了一道辩证法问题让他回答，问他一张纸扔到地上有几种命运。

也许是由于惊慌，那个同学一时回答不上来，后来他定了定神说：“扔到地上就变成了一张废纸，这就是它的命运。”教授对他的回答不太满意。他当着大家的面在那张纸上踩了几脚，纸上印上了教授沾满灰尘和污垢的脚印，然后又让那个同学回答同样的问题。

“这下这张纸真的变成废纸了，还有什么用呢？”那个同学如是说。

教授没有出声，捡起那张纸一下子撕成两半，然后让那个同学接着回答。

我们被教授的举动弄糊涂了，真不知他到底要表达什么意思。

那个同学也被弄糊涂了，他红着脸回答道："这下纯粹变成了废纸一张。"

教授不动声色，捡起被撕成两半的纸，很快在上面画了一匹奔跑的马的速写。他刚才踩过的脚印恰到好处地变成了骏马蹄下的原野，奔跑的骏马充满了刚毅、坚定和张力，让人充满了遐想。我们为教授深厚的速写功底叫好。教授举起画说："现在请你回答，这张纸的命运。"

那个同学似乎明白了什么，他干脆利落地回答道："你给一张废纸赋予希望，一下子有了价值。"教授脸上稍微露出了一点笑容。很快他掏出打火机点燃了那张画，一眨眼的工夫，画变成了灰烬。

最后教授说："大家都看见了吧？起初一张并不起眼的纸片，我们以消极的态度看待它，就使原本没有吸引力的纸片一文不值。我们在其基础上使其遭受更多的厄运，纸片的价值更加小了。如果我们放弃希望使其彻底毁灭时，很显然，纸片不可能有什么美感和价值，但是后来我们以积极的心态对待它，在上面画一些给人以希望和力量的东西，纸片的命运立马起死回生，价值陡增。可见人的心态有多重要！"教授喝了一口茶望着窗外。

我们陷入了沉思。"一张纸片可以成废纸扔在地上被我们踩来踩去，也可以作画折叠成纸飞机，飞得很高很高，让我们仰望。我希望在座的各位同学不要因一时的失意而放弃理想和希望。一张纸片有多种命运，更何况我们呢？记住，你看见阴影是因为你低着头！命运如同掌纹，弯弯曲曲，却时刻掌握在我们自己手中啊。此时的厄运和不幸并不能决定彼时的命运和希望啊。希望没有取得好成绩的同学很快振作起来，把自己变成一张充满美感的纸片，不要成为一张沾满污迹的废纸。"教授语重心长地补充道。

那年期末考试，全班同学都取得了前所未有的好成绩，我想这与一张纸片有关。

现在，在工作、学习、写作上陷入低谷时，我经常回味教授的那两句话：你看见阴影是因为你低着头！命运如同掌纹，弯弯曲曲，却时刻掌握在我们自己手中啊。

坚守自己的声音

一位在电视台工作的朋友给我讲过这样一个故事。

朋友在一家地级电视台主持一档收视率很高的生活类节目。有一段时间，他家里厄运接踵而至：他年近八十的老母亲不慎从楼梯上摔了下来，半身不遂住进了医院；儿子误食了过期的早点而中毒也住进了医院；妻子因单位效益不好而被分流下岗；高达十几万元的住房贷款又到期，银行的催款通知单一封接一封。这些生活的磨难一浪高过一浪，他几乎崩溃了。他一个人费了好多周折，从外地漂泊到南方刚站稳脚跟，各方面条件非常单薄。可想而知，他当时有多么苦闷艰难。

有一天上镜前，朋友接到一家私营企业老板的电话，那位老板许诺，只要他在节目中用几句话宣传一下他们公司的产品，就给他一笔数万元的报酬。如果在节目中朋友将这个变相广告做得含蓄一点，谁也看不出破绽，也不怎么影响整个节目播出的质量，而且仅仅靠几句话他就能在短短的十几秒时间内得到几年挣不了的钱。那个电话扰乱了朋友的心，当时他太需要钱了！

进入直播室时，他一直在做思想斗争。不知为什么他的脑海中跳出了母亲说过的一句话。小时候邻居家的鸡经常跑到他家的草垛里来下蛋，有一天他偷偷拿了邻家鸡下的一个花蛋，被他母亲发现了。他母亲语重心长地对他说："小时候偷一斗油，长大了偷一头牛。不要因为这个错误小你就去做它，否则长大了你可能犯大错误，一失足成千古恨。”这句话像根针，深深地扎在了他幼小的心田。

朋友很快静下心来从容进入主持状态。他对那家公司只字不提，很轻松超脱地做完了那档节目。

节目播出后，他接到上级通知，要审查他的那档节目，如审查通过将选送省台参加一项大奖的角逐。最后他的节目顺利通过了审查，而且在省里获得了一项大奖。朋友因此获了金话筒奖。

不久，给他打电话的那位老板的公司因生产假冒伪劣商品而被工商部门查出后在全市曝光。

那位朋友说：“如果我在一念之差下为了高额报酬而放弃自己的原则，后果真不堪设想。多亏母亲的那句话让我清醒了，否则，我的前途就毁于这一念之差。”

多年前母亲的那句话使朋友收回了他本不应该伸的手，多年后的这一刻，那句话在他心里飘成一面不倒的旗。朋友守住了自己的声音，延长了自己的成功和辉煌。美德如那个朴素的鸡蛋，虽然形无棱角，却在关键时刻见风见骨，让人受益终生。

有时候一步就是一生，一念之差就是天壤之别，几秒就可以决定我们人生的成败。朋友，这一步你能迈好，这一念你能清醒，这几秒你能把握吗？

人生如沙漏

上大学时，我最喜欢哲学课，总觉得它把一个简单的问题通过辩证复杂化，把一个复杂的问题通过统一简单化。总之，这门课对我来说充满了无限趣味。

在一堂哲学课上，教授讲解唯物辩证法时拿出一个沙漏。他指着积在沙漏下面的沙子问道：“现在有多少沙子？”同学们回答道：“许多许多，细小的沙子数不胜数。”“不，你们错了，只有一粒沙。”明明有许多沙却被教授说成一粒沙，我们迷惑不解。教授把沙漏倒了过来，细小的沙粒一粒一粒从瓶颈下漏。他指着流动的细沙问：“现在有多少沙？”我们回答道：“一粒。”“这下你们又错了，有许多沙。”教授的话刚说完，沙漏上面的细沙子全部漏到下面堆成一个小沙堆。我们真的被教授弄糊涂了。

看着一脸茫然的我们，教授说：“人生好比一个沙漏，机遇、成功、失败、痛苦、欢乐、悲伤等就像成千上万的细沙，有些东西稍纵即逝。沙漏上面盛满了沙子，当你们悲观地看它时，一粒沙子也可能会变成千万粒；当你们乐观地看它时，千万粒沙子也有可能变成一粒。但不论在什么情况下，它只能一粒一粒缓慢通过细细的瓶颈，你我都不可能急于让一粒以上的沙子同时通过瓶颈，除非我们把瓶颈做大。每个人的生活都是沙漏，每天都会遇到各种不同的情况，如果我们不是一件一件地处理，让一粒一粒的沙子通过瓶颈的话，我们就有可能遇到更多的障碍和伤害，确定一个现实的分段目标是很重要的！”

教授的话引起了我们的兴趣。他喝了一口茶接着讲道：“人生如沙漏，要学会换位思考。具体地说，比如，你取得了沙漏上面的成功，你就应该想到下面还有空白需要你去填充；遭到失败，你更应该付出更大的力量让它流下去。这样一来，下面的空白不就被成功所代替了吗？积水成溪，积石成山。不要小看了细小的沙漏，它实际上就是我们人生的缩影啊！”教授精彩的话被我们抑制不住的掌声和喝彩所打断。

片刻，他又顿了顿嗓子拿起沙漏说道：“从小到大也好，从大到小也罢，关键的一点是我们必须踏踏实实全面、辩证、发展地看问题，否则，一粒沙永远是一粒沙。”

那堂课既生动又深刻，让人终生难忘。从此以后我们更加喜欢教授和他的哲学课了。

“刺”激人生

人在一个固定的环境里待久了就有一种逆反、厌倦的心理，在这种情况下，许多人总会蠢蠢欲动想到一个新的陌生的环境里一显身手，干另一番事业，领略新的工作环境所给予的新的感受。

前不久，我利用假期到一个经济文化领跑全国、风景如画的江南城市去旅游。在那里，我受到了朋友的热情接待。他带领我参观了他所在的外资企业，并给我详细介绍了公司里的各种待遇和良好的工作氛围。据说他月薪达六七千，好的时候月薪达一万元，这让在小城市的行政事业单位按部就班、每月拿着一千多元工资的我羡慕不已。同样的专业，同样的学历，差不多的能力却有不同的回报，同在蓝天下就是不一样。我只恨自己没有这样的环境和待遇。

有天，他带我去游当地一旅游胜地。登山时，狭窄的山路边旁逸斜出的一株荆棘划破了我的手臂，血流不止，十分疼痛。我感到很奇怪，平时在我工作的地方我也曾被荆棘划破过手臂，不论划破的口子有多大，流多少血也感觉不到疼，可那天却十分疼痛。我把这种心理说给朋友听，他说：“这很可能是酸葡萄心理在作怪吧。平时你在熟悉的环境里沉溺满足于“一杯茶、一支烟、一张报纸看半天”机械式的生活，在那样宽松的工作环境里，你在当地有不错的收入，还算体面的工作和地位，周围的一切早已将你的心态磨起了一层厚厚的老茧，你对一切漠然处之，怎会感到疼呢？即便是一些小小的伤痛你也不会觉得有多疼，因为你的心早适应了懒散的工作生活习惯，对你而言这些小伤小疼无所谓，反正一切都有保障啊。可是换了环境你的心态就不一样了，新鲜的东西，待遇、环境上的落差此时显得十分锐利，稍微一刺，你就受不了，不叫疼才怪了！看来，你应该让自己多碰碰刺才对。”

朋友入木三分的分析让我既佩服又惭愧。是的，我习惯于那种三点一线、按部就班的生活节奏，忽略了它所带给我的惰性，这种惰性心理已深深根植于心里，让人麻木地满足于现状，自我感觉良好、不思进取、故步自封，怎么会取得成绩享受生活的快乐呢?

回来后，我认真地调整了自己的心态，制订了写作的计划，主动地工作，勤奋地写作，把工作当作享受，把写作当作快乐，各方面都有了很大的起色和转变。我想，这也许是一根刺的缘故。

我们经常性地抱怨生活，抱怨工作环境，犯着这山望着那山高、眼高手低的错误，只被动地适应环境，不主动地去改变环境，让眼睛和心灵一天天老去，再锐利的刺，刺在身上也不觉得疼。看来我们应该让自己承受更多的刺，刺激自己，刺激人生。因为若想摘得那山的桂冠，必先得抬手搬走拦在这山的绊脚石，方能为自己铺一条通往成功的道路，培植一朵带刺的但是快乐的花。

每天成功1%

我几乎每天会收到许多朋友和编辑记者发来的的邮件。有时也会收到许多垃圾邮件，我对此十分反感，浪费时间不说还影响我的情绪。有时处理完这些垃圾邮件，我便自我解嘲：又做了一次网络义务清洁工。

有一天我打开邮箱一看，还是大量的垃圾邮件。我准备全部删除时，发现有一封邮件的主题为“经理，请你给我一个机会吧，我会努力的，我将用上全部的力量使自己每天成功1%！”我眼睛为之一亮，觉得好笑，我怎么变成了经理？删除全部垃圾邮件后，好奇心驱使我仔细查看这封邮件。

打开这封标题新颖的邮件，正文内容是一个工作受挫的青年给老总的信。信中他说由于自己刚参加工作业务不熟，工作中出了差错，影响了公司的形象和效益。公司准备辞退他，他鼓足勇气向老总自荐信心。言辞很诚恳，尽管写了许多与工作有关的事情，但感情还是很真挚的，洋溢着一股积极向上追求进取的青春气息。

可见他还是非常珍惜、喜欢这份工作的。

从他的话里，我看出了自己刚参加工作时的那股朝气，他的每天成功1%的执着和信念深深地打动了我的心。于是我红着脸以经理的口气给他回了邮件：我相信你会很优秀的，年轻人，继续努力吧，每天成功1%，你会成功的。经理期待着你做出很大的成绩！

发完邮件我仔细算了一下，相比于一生，一天真的很短，以一年365天，一生75岁计算，从18岁成人算起，除去吃喝拉撒、精力不济等种种因素虚度掉的10年，还有近50年，我们每天努力为确定的目标付出，如果每天接近目标并成功1%，大概有近183个大目标我们完全可以实现，取得成功。

计算结果令我大吃一惊！甚至有点恐慌。我们几乎每天都找借口说自己很忙，一年下来真正做成功的事情并没有多少，想想有多少1%被我们所忽略、放弃。当我们确定一个大目标时，短期内这个目标看上去很遥远、缥缈，但当我们把它分解到年、月、日，分解到时、刻、分、秒，分解到1%，如果我们每时每刻每天为1%付出99%的努力，遥远的目标一下子变得清晰、现实起来！

每天成功1%，只是一个为了大目标而努力的落脚点，而当1%逐步上升为100%，变成1，变成10，变成100、1000、10000甚至更多时，我们已将成功的桂冠戴在头顶了。

大概半年后，我收到一封邮件，主题为“那个每天成功1%的青年感谢你的鼓励”，正文内容是这样的：“你好，尽管我们未曾谋面，或许你早已忘记了那个错将邮件发给你的青年。半年前由于工作上的失误，我给公司造成了不小的损失，公司准备辞退我，我很喜欢那份工作，那晚我鼓足勇气给经理发了一封邮件，恳求他给我一个继续工作的机会。邮件发出的第二天，我的一个创意被公司采用，给公司创造了一定的效益，公司决定留用我，我以为是经理看到邮件后给我的肯定。经过半年的努力，现在我已坐到经理助理的位置。有一次和经理谈起我曾经发过的那封邮件，他说没有收到过我的邮件。后来我仔细查阅了已发邮件，才发现我阴差阳错发给了你，原来你的邮箱地址和我们经理的只有一个字母之差。真的，我非常感谢你，是你给了我每天成功1%的力量和信心。如果没有你的鼓励，说不定我还在找工作，我真诚地希望你在工作和事业中每天不但成功1%，而且每天成倍地收获快乐和成功。祝你和你的家人幸福。”

我被感动了，欣慰之情油然而生，没想到意外之举竟促成了一个在挫折之中的心灵的奋起，我的不多的文字像台阶一样垫起了一个陌生心灵成功的高度。我很快给他回了一封简单的邮件：你的邮件给了我好心情。施爱于人，一份成功会变成两份成功，一份快乐会变成多份快乐。我也感谢你给我的鼓励，让我们一起接近目标，接近成功。

从那以后，我不轻易删除一封陌生的邮件，哪怕一个广告我也会耐心地阅读，我深知，说不定我的鼠标轻轻一击会截断一个陌生心灵通往成功的道路，折断他们充满希冀的翅膀，使他们从理想的天空沉落。

我蓦然明白，人的一生也就是使1后面的0不断倍增的进位过程。1就是我们的目标，0就是我们为1所付出的努力。如果失去了每天成功1%的信心，失去了标杆一样的1，一切就永远归于0！

现在我每天坚持写作，我深知，不放弃1%，最小的目标也会变成最大的成功。

换只手举高自信

考上高中后，我从乡下到城里寄宿读书，城里的学生很有钱，成绩也很好，因而我总是很自卑。上课老师提问时，城里的同学抢着回答问题，我却从不抬头，几乎不举手回答问题。我的物理很差，物理课上老师几乎每堂课都要提问，但很少叫坐在后排的我回答问题。

可有一次，老师问了一道我不懂的题，同学们争先恐后地举手，我想反正我举手老师也不会提问到我头上，受虚荣心的支配，我也举起了手，结果老师偏偏叫我回答。我起立后哑口无言，像根棍立在教室里，当众出丑的我惹得同学们哄堂大笑。

放学后我一个人坐在教室里琢磨那道题，耳朵里始终回旋着同学们的哄笑声，不争气的泪水掉了下来。这时，物理老师进来了，他深入浅出地给我讲解了那道题，然后和蔼地说："学习时不要不懂装懂，在农村出生不是你的过错，反而是一种你努力学习的资本和动力。你不要自卑，以后我提问时遇到你懂得的问题你就举左手，不懂的题你就举右手。你懂得的题，你完全可以把手举得比别人更高一些。我就知道该不该叫你回答。"老师的话使我深受感动。

我暗下决心决不辜负老师的期望。此后，物理课上我按和老师的约定做了。期中考试结束后，老师对我说："这段时间你举左手的次数为25次，举右手的次数为10次，再加把劲，争取把举右手的次数降到5次。"细心的老师竟然统计了我举左右手的次数，我给自己立下志愿，以后力争不举右手。从此遇到难题我宁可不吃饭不睡觉也要把它攻克。期末考试时，我考了全班第一名，老师私下里欣慰地说："你终于不举右手了。"

后来，考上大学后老师来送我，他只对我说了一句话："以后不论遇到什么困难，别让自卑打倒你的自信，换只手举高你的自信，成功总会向你走来。”我终于明白了老师的良苦用心：他让我举右手并且少举右手只是为了让我超越自己，换只手举高自信，赢自己一把啊。

在人生的道路上，我们免不了遇到对手和困难，但如果不能举左手，那我们做的第一件事就应该是“举起自己的右手”……

一条手绢给予的成功

十六岁那年，她从一座小城转学到那个相对封闭落后的乡村中学读书。她的到来给那个小小的校园增添了不少光彩。她的美丽、她的衣服、她的零食、她的成绩，甚至于她的一切都是乡村学生无法比拟的。犹如一只仙鹤起舞于鸡群中，又如一片杂草中突然长出一朵婀娜多姿的鲜花，她总是那么耀眼夺目。

在那个少年不知愁滋味的纯真年代，她是众多乡村少年暗恋、相思的对象。那时下午课外活动时间，学校为了调节单调的课外生活，经常组织同学们玩一种叫丢手绢的游戏。游戏的规则是这样的：全班学生坐在操场上，围成一个圈，由一个学生拿一条象征幸运的手绢在圈外跑，其他的同学则闭着眼睛，片刻后睁开眼睛，如果有手绢丢在自己背后，那就马上拿起手绢绕圈跑，然后丢给和自己关系好的同学后面。就这样周而复始。如果手绢丢在那个同学身后，他还浑然不知，被丢手绢的同学绕一圈后捉住，他就要站在圈内表演节目。

那时的他，学习成绩一般，而且家庭条件很差，兄妹众多的他常常拖欠学费，受了老师和同学们不少的奚落和嘲笑。他因此很自卑，在班上他像一只墙角里无人问津的丑小鸭。每当课外活动的时候是他最难受的时候，没有人肯丢手绢给他。而她则不一样，每次玩游戏，她得手绢的次数最多，笑得很有感染力，因为她的歌声，整个操场成了一片欢乐的海洋。

每当别人拿起手绢放在自己的好朋友的后面，得意地坐下或表演节目时，他心里很不是滋味。内心深处，他多么希望有人给他丢一次手绢，满足自己年少的自尊心，然而每次游戏结束时几乎全班同学都能得到手绢，唯独他除外，他总想掉泪。

时间长了，她发现他的自卑。她开始关注起他来，她发现他的字和作文写得很好，可是始终没有赢得老师和同学们的好评。课间时分，她主动和他聊天，了解他的情况，她诚挚地赞扬他的字和作文。她的激励和赞扬就像黑夜里的火把，点亮了他暗淡自卑的心灵。

有一次课间游戏快结束时，许多同学争着丢手绢给她，她得了很多手绢，但她发现没有人丢手绢给他。他忍受着被冷落的煎熬时，只听到她当着全班同学的面对他大声喊道："快跑呀，有人给你丢手绢了！"他如梦初醒，简直不相信这是真的。

那次游戏他得的手绢最多，他有一种想流泪的冲动，暗自发誓以后写出更好的作文，得到更多的手绢。

从那以后，他像换了个人似的，上课时头抬得高高的，抢着回答问题，脸上经常洋溢着自信的笑容。他写的作文成为范文，有的还在县里获奖。她总是不失时机地激励他写更好的作文，得更多的手绢。

初三还没毕业，她就转学了。临走时她送了他一条手绢，上面用娟秀的字体写着：愿你今后得到更多的手绢！那天晚上，他湿润着眼睛，躲在被窝里捧着带有她气息的手绢彻夜难眠。

后来他成为该校第一个考到外地的大学生。毕业后他从事文化工作，短短的几年时间内他出了几本书，成为当地的文化名人。有一次，当地电视台请他做一档节目，主持人问他成功的动力来自何方，他的答案简单得令人难以置信：一条手绢。

他哪里知道？他的第一条手绢来自她！当时是她乘同学们闭着眼睛不注意时，悄悄把放在自己身后的手绢挪到坐在旁边的他的身后的。

至今他保存着那条朴素的维护了他尊严、给他自信的手绢。那薄薄的手绢，丝丝缕缕交织着对一颗年少心灵最温情的鼓舞；角角落落融合着纯真年代最富力量的自信。

我们脸上的阳光

到省城南京参加青年文学创作会议期间，我认识了一个朋友，他比我大6岁，说话的声音富有磁性，俊朗的脸上始终洋溢着微笑，无论见了谁，不管是认识的还是不认识的，他总是微笑着主动打招呼。用当下很时髦的一句话来说，尽管他年过35岁，但给人的第一感觉是：帅气、阳光、青春。

晚上在宾馆里和几个朋友闲聊，经过朋友介绍，我对他有了进一步的认识。他是当地一家报纸副刊的编辑，在国内许多报刊发表了大量的文章，他的文章以积极向上励志著称。从晚上八点，我们一直聊到夜里一点，整个过程中他十分健谈，每一句话里都有一个微笑，真诚的、淡淡的。尽管此前和他素未谋面，但短短的四个多小时的时间里，我对他很快产生好感。

临出门回到自己房间时，他送给我一张名片，他笑着说："留个纪念吧，说不定明年你们见不到我了，记得以后无论遇到什么事情都微笑着乐观一点，那是我们脸上的阳光。"他的话让我很惊诧，好好的他怎么说出这样的话呢？

睡前和我同住的一个文友告诉我："那个文友三年前患了不治之症，

肚子里长了个肿瘤，说得严重些，命运已经给他判了死刑。他三年前和我一起参加一个读书笔会时也说过同样的话，但没想到他竟然乐观地写作到今天。真的，我至今还记得他说过的一句话，‘当你低头时只能看见自己的阴影，即便头顶有再多的阳光’。我一直佩服他脸上阳光般的微笑和乐观，太不简单了。”

那晚，我一直辗转反侧难以入眠，这样一个风华正茂的朋友，正经历随时都有可能被病魔吞噬生命的磨难，但是他一直微笑着，用脸上的阳光把信念搓成一根长长的绳子与磨难拔河，与困苦对峙，与命运掰手腕，以胜利者的姿态阔步在命运险恶的两岸。

回来后，我把会议期间的收获整理成一段段格言，其中第一条就是他说的那句：当你低头时只能看见自己的阴影，即便头顶有再多的阳光。

是的，我们心中更应该有个太阳，外界太多的牵绊容易让我们低头，命运的困苦磨难常常会让我们驻足徘徊，但是当我们紧紧握住信念这根人生的纤绳，用爱和乐观去歌唱，脸上的阳光会抵挡命运的风霜，长路尽头乌云散去，吝啬的命运总会给我们至高的奖赏：黑夜的尽头是黎明的故乡。

细微的尊严

有一次到一沿海城市出差，行走在繁华的步行街上，在汹涌的人流中，一个衣着很朴素的年轻人向过往的行人散发着商品广告宣传单。有的行人很有礼貌地接过传单并向年轻人报以真诚的微笑，有的行人漫不经心地接过传单看都不看没走两步随手扔了，有的像躲避瘟疫一样很小心地绕开了，有的很有风度地接过传单仔细看上一遍，对传单上的商品赞不绝口，由衷地对发传单的年轻人说上一声“谢谢”。

就在我佩服那不多的人的绅士风度时，出现了这样的一幕。一个穿着时尚、浑身散发珠光宝气的妇人接过传单狠狠地扔在那个年轻人的脸上，盛气凌人地说：“谁让你发传单的？没看见我正心烦吗？乡巴佬，烦人！走远点，不要让我看见你。”我原本以为那个年轻人会自卑地道歉离开，然而他不卑不亢地说：“抱歉，我打扰你了，但不管你是贵夫人还是普通人，我觉得我们在灵魂上是平等的。你可以嘲笑我的贫穷，但不可以嘲笑我通过劳动赢得尊严的权利。”说完他走到我身边很大方地给我发了一份传单，我愉快地接过传单后微笑着对他说：“谢谢你，我会考虑买你们的产品的。”尽管我不缺少这种产品，但我深深地被他捍卫自己尊严的言行所打动。

在我所居住的这个城市有个女企业家。在没有创立自己的企业和品牌时，她只是一个名不见经传的小纺织工。有一次她上街推销厂里的产品时，被一个过路的行人狠狠地羞辱了一顿，原因是那个大款行人陪家人逛街，她上前推销不知名的廉价毛衣，大款觉得有损自己的身价和形象，当着众人毫不顾忌地撕碎了她的毛衣，扔在脚下，狠狠地踩了几脚。那天受辱的她含泪回到厂里，辞职后贷款办了自己的针织厂。现在经过多年的风风雨雨，她已是身价千万的女强人，她所创立的品牌已成为省级名牌。她对员工说得最多的一句话是：“我的成功与自己的尊严有关。起一个名字只需要一时，而打造尊严这个品牌，不但需要智慧和汗水，更重要的是用一生捍卫尊严的那颗坚硬的心。”

这让我想起拿破仑说过的一句话：“如果你笑我个子矮的话，那么我要砍下你的头！”尽管这句话很霸气，但它直接展示了一个不屈的灵魂。

有时候，尊严细微得就像一份传单，有时候宏大得却像一个国家、一片江山。尊严是纸，尊严是针，而生命的蓝图就是这张纸铺就，这根针绘就的，只要你善于在人生的版图上穿针引线，敢于在生命的崎岖道路间坚守傲骨，没有谁能撕破你被尊严支撑的波澜壮阔的人生画卷。

谁都不可以藐视灵魂的尊严，尽管这个灵魂有时候很卑微，谁不相信它小起来肉眼看不见，大起来却太空难容？

下跪的市长

有个在小学当老师的朋友给我讲过这样一个故事。她们学校有个女英语老师身高不足1.4米，但口语教得非常好，在省市县各类比赛中获过多次大奖，多次被上级评为教学能手。有一年，她被县里选为唯一的代表，派到省里参加一个教育团到新西兰的外事访问学习活动。在众多作为业务精英的老师当中，她是外表最不起眼的一个。

在新西兰访问期间，她们没想到受到了当地市政府的隆重欢迎，更没想到的是，市长亲自出面接见她们。政府先安排她们参观了当地的学校，并和老师学生进行了互动交流，然后安排她们到当地旅游胜地旅游。

在短短的几天访问时间里，日理万机的市长数次接见了她们。这让她们非常感动。临走的那天，宴会结束后，她们想和市长合影做纪念。但谁也不敢提出合影的要求，因为市长确实太忙了。出乎意料的是，吃过饭后市长主动提出合影的建议。当摄影师调焦距选角度的时候难题出现了。

身高超过2米的市长与身高不足1.4米的那个老师相差悬殊，相比而言，市长像一棵挺拔的大树，而矮小的老师就像一丛灌木，整个画面十分不和谐，无论怎样选角度调焦距，都无法将集体合影完美地表现出来。这让摄影师显得很窘迫，更让矮个子的老师显得很尴尬，她红着脸提出自己不想合影的要求，不料被市长微笑着否定了。所有在场的人将目光投向充满阳光气息微笑着的市长，让大家始料不及的是，市长当众微笑着跪了下来！此时的画面正好符合摄影师拍照的最佳高度，画面布局十分和谐。

一个帅气十足风度翩翩的市长竟然为了一个矮个子的中国女教师完美地进入画面而跪了下来，这在我们所处的环境中是想也不敢想的事情。

老师们的眼里有了泪。

市长下跪并不仅仅是为了一张照片，更重要的是对中国教育的尊重，对中国老师人格和尊严的温情尊重与呵护。

据说那个市长在当地是万人迷，不光全市的女性喜欢他，全市的男女老少都十分喜欢他。

难怪我们的老师流泪，市长降低身高温情的一跪，既提升了中国老师的自信和尊严，又提升了一个城市的品位和魅力。他是在用润物细无声的温情感动着每一个需要关照呵护的脆弱的心灵啊，这不光是市长的自豪，也是一个城市的自豪。

市长下跪不是一种屈尊，而是一种风度。

失败者也能成为偶像

第一年高考，他以两分之差落榜了。他成为村里人茶前饭后谈论讥笑的对象。

第二年，他又重新收拾书本加入复读的千军万马之中，在独木桥上和命运下赌注。高考结束后他又以12分之差落榜。走在村里，许多人在他背后指指点点，说他在学校不好好学习，逃课、上网、玩游戏，如果他能考上大学，村里放羊的孩子早就成为大学生了。有的甚至恶毒地吐唾沫，见了他远远地绕开。他成为许多家长教育孩子的反面教材。

对此，他只是淡淡一笑了之。后来他悄悄地南下深圳打工。从此杳无音信。这更增加了村里人讥笑他的谈资，说他没有骨气，不知道为家里人争一口气。

一年里他没有给家里人打一个电话，更没有写一封信。春节期间，村里许多在外地工作的人纷纷带着大把大把的钞票衣锦还乡，唯独没有他的任何消息。村里人猜测他在外面干了坏事被抓起来判了刑。

这让他的父母亲非常难过，走在人前经常有抬不起头来的感觉，认为不争气的儿子给他们脸上抹黑。许多人冷漠了他家。

第一年没有他的任何消息，第二年还是没有他的任何消息。他的反常举动更加助长了那些无事生非的人的妄自猜测，有的人甚至传出谣言说他早已死了。望眼欲穿的家人常常为他掉泪，年迈的母亲生了一场大病。第三年开春的时候，家里人突然收到一大笔汇款，整整一万元！这让大半辈子从没见过这么多钱的父母亲着实吓了一大跳，整天寝食不安，为他默默捏一把汗。尽管父母亲嘴上什么都不说，心里也在猜测，他是不是像村里人说的那样，在干什么违法的事情。

不久他写来一封信，信上说他在一家电脑公司打工，年薪四万。他的信和汇款在村里炸开了锅，让为他担心的父母亲有了扬眉吐气的感觉。他家里率先装上了电话，买了彩电、冰箱等电器。有的人开始羡慕他，也有的人仍然在怀疑他。

有了电话后，他经常性地给家里打电话，问询有多少人外出打工，有多少人赋闲在家。他让父母亲挨家挨户询问有谁愿意到广州打工，每月工资不少于1500元。如果有人愿意南下，他可以介绍工作，不过要一次性收取500元信息费。村里许多人正为没地方挣钱而发愁，且在当地打工的人一个月最高工资也不过六七百元，他的许诺很有诱惑力。他的信息无疑给他们找到了一条致富的道路。

当确定有30多人愿意南下打工后，他乘飞机回到家乡，与愿意外出的人签了合同，保证每月管吃管住，月薪不低于1500元，等他们拿到薪水后一次性付他信息费500元。尽管有的人说他精明不够义气，但丰厚的待遇确实让他们眼红，都乐意跟他南下。

一年后，跟他南下的人都发了财，一年内挣到了在老家几年挣不到的钱。当然，他也从中赚了一万多元信息费。精明的他仔细比较了南方和西部的差异，南方劳动力紧张，且待遇高，西部待遇低且找不到工作，如果把那些赋闲在家的人全部介绍到南方，收取一定的信息费，既解决了劳务难题，又互惠互利，很快，他辞掉了电脑公司的工作，成立一家劳务中介公司。他成为方圆几十里家长教育孩子的正面典型，他们说得最多的一句话是："瞧，人家不上大学照样成为老板。"

在短短的三年时间里，他把劳务输出的业务从家乡的小镇普及到全县，输出劳动力近一千多人，他已成为百万富翁。在南方买了房，买了私家轿车。他把赚的钱捐出20多万用来更新改造了家乡的学校，当地政府表彰他为致富明星、经济发展功臣。

新校落成典礼那天，他做了一个简短的报告，有一段话是这样说的：人就像一个球，使劲往上抛时可以把球送上高处，狠狠往下砸时，利用反弹力，同样可以把球送到高处。只要正确看待别人的打击和取笑，失败者也可以成为偶像。

欣赏失败

十分喜欢一句话：如果对手将你绊倒在竞争的路上，你还可以拽着他的鞋带爬起来，即便拽不住他的鞋带，你还可以抓住一把沙慢慢站起来，但是千万不要空手站起来。

这，也应该是一种成功和胜利。

如果成功是一块闪光的金子，失败是一个黑色的煤球，我们所做的是欣赏失败这个煤球怎样燃烧着把金子熔化变形。

欣赏失败，这个不起眼的矿藏里蕴含的巨大能量。

欣赏失败不是在跌倒的路上呻吟着、叹息着，目视成功者怎样风度翩翩地把诱人的花环微笑着戴走，把失败的苦涩留给你，而是在欣赏的同时发掘其中的矿藏。

欣赏失败不是悲观失望、顾影自怜，而是用一条自信的手帕擦去苦涩的泪水。在人生的履历上写下一百次失败的结局，意味着一百次成功的可能，因为一百次失败的经历就是一百次走向成功的经验。

欣赏失败不是无奈的放弃，而是积极的思考，这个世界上存在着这样一种事实：没有一种冰不被阳光融化，没有一棵草不是花，如果你会从不同的角度欣赏它。

都说，阳光总在风雨后；都说，不经历风雨怎么看见彩虹；都说，失败乃成功之母。如果不懂得如何去欣赏，不懂得如何去磨炼，不懂得如何去珍惜，那么再多的失败也只能是一片阴霾；再美的彩虹也只能是一道道单调的线条。

古人说“有志者事竟成，破釜沉舟，百二秦关终属楚；苦心人天不负，卧薪尝胆，三千越甲可吞吴”。人生百味，贵在体会；季节轮回，贵在欣赏。在万木萧条的严寒冬季，欣赏厚厚冻土之下那粒勃勃待发的种子，它预示着一种希望的破土而出；在百花凋谢的潇潇冷秋，欣赏那无边落木萧萧下的枯枝败叶，它昭示着“落红不是无情物，化作春泥更护花”的生命的延续。

古人还说“塞翁失马，焉知非福”。失去是一种拥有，失去一匹马，得到一群马；失去成功，得到走向成功的经验。

当成功背对你时，将你欣赏的眼光打磨成一个无坚不摧的钻头，深入失败的腹部，定会掘得隐藏在生活深处的一块宝藏；当失败包围你时，将你欣赏的心灵打磨成一把标尺，量量自己与成功的距离到底有多长。

英国浪漫主义诗人雪莱说：“冬天来了，春天还会远吗？”俄国诗人普希金还说：“假如生活欺骗了你，不要悲伤，不要心急，相信吧，快乐的日子将会来临。”鲁迅先生说：“石在，火种是不会绝的！”那就学会欣赏大雪纷飞时，春天由远而近的脚步，那是穿越失败的号角；那就学会欣赏美好的一天在远方所焕发的万丈光芒，那是催你奋进不断超越自我的指针；那就学会欣赏笨拙的石头所蕴含的火种，在漫漫黑夜中怎样在你的欣赏打磨下闪烁出希望的火花。

自信的头颅＋智慧的欣赏＋不断提升的实力=成功的开始

成功路上的摇滚

一

把一件小事认认真真无微不至地做好了，我们也就离成功不远了。成功没有大小之分，只有远近之别。古人早就说过“一屋不扫，何以扫天下？”扫天下是大目标、大成功，扫一屋是小目标，扫好一屋是小成功。天下好比一座高塔，扫一屋的责任和态度好比一粒沙，站在远处观望，被粉刷的高塔所包裹的沙粒我们用肉眼看不到。道理很简单，没有聚沙成塔的耐力，高塔也就无从谈起了，再多再宏伟的目标无异于空中楼阁。

二

通往成功的道路很多，方式也各尽不同。走楼梯能到达目的地，坐电梯同样能快捷地到达。我认为走楼梯比坐电梯好，时间虽然长了点，但很踏实。电梯一旦出现故障，会掉到负一层，摔得粉身碎骨；而走楼梯呢，最多掉下去一层，还有爬上来的可能。更何况还能看到楼梯上的风景。

有的人坐飞机赢得了机会取得了成功，有的人骑自行车错过了白云蓝天，但有一点十分肯定，借别人的翅膀总是飞不了多高，也飞不了多久，更飞不了多远。

三

泰戈尔有句话很有意味：“你最好在太阳出来的时候做些什么，不要在太阳西下的时候幻想些什么。”

是的，生活中有志者立长志，无志者常立志。前者的粮仓里堆满了种子和果实，后者到头来却两手空空、一无所有。什么样的态度收获什么样的果实，多大的责任接纳多大的太阳。

四

有几句格言在我成长的道路上曾经光芒万丈。其一就是英国诗人雪莱的一句诗：“冬天来了，春天还会远吗？”现在，我想说：寒冷的冬天已经过去了，温暖的春天还有什么意义和必要？

其二是但丁的一句至理名言：“走自己的路，让别人去说吧！”我想说：走自己的路，哪怕别人什么都不说！没有人替我们走一步路，包括自己的父母。我们的成败得失、走路的姿态、风度与别人何干？

鲁迅先生说过：“世上本没有路，走的人多了也便成了路。”可不可以这样演绎先生的名言：世上本来有很多路，没人走了就荒芜成沼泽地了。失败是一条被荒芜杂草掩埋的路，如果再没有人走了，就真的成了断头路了；但是如果披荆斩棘，脚下肯定还有一条路通往成功的那个岔口。成功是一条铺满鲜花到处洋溢着掌声的路，我们需要警惕的是，有时许多致命的毒草同样有着鲜花的美丽和芬芳。

千万别让我们手里握着的那把叫自信的镰刀因为畏惧荆棘而生锈。面对成功路上的鲜花掌声，保持如履薄冰的谨慎和“万里长征只过了第一关”的清醒，不失为一种风度和从容。

五

一千个人对成功有一千种理解。小学生做好了功课，是一天的一种成功；高中生考取了大学，是青春的成功；农民种好了田里的庄稼，取得丰收是一年的成功；作家写出读者满意的文章是心灵的成功；经理不断创造财富是事业的成功。标准不一，成功的价值尺度也不同。相同的是，成功是一种自身心灵的成熟和不断超越。

成功有三种状态：过去式、现在式、将来式。聪明的你应该知道，一切日出日落都会过去，一切花谢花开只是暂时的。最重要的是现在，对，就是现在，现在意味着一切，一切的成功和成功的一切。

信念的失败

有一个人，从小患有小儿麻痹，后来他瘫痪了。20多年来，他一直无法走路。一个冬天的夜晚，他所居住的那排房子突然失火了。风助火势，火借风力，火越烧越烈，熊熊大火将房子不停地烧着。大火威胁着每个人的生命和财产安全。房子里面的人摸索着从烈火和烟雾中跑出来了，喊叫声、哭泣声充斥着火灾现场的每一个角落，忙于逃命的人没有一个顾及到他。

火燃烧着，人们忙着逃命，他也不例外。他忘记了自己瘫痪的身躯，也从大火中挣扎着跑了出来。有人发现他跑出来时说道："哎呀，你是瘫痪的！"听了这句话，他轰然倒下了。从此他瘫痪得更加严重，他放弃了治疗，不久就撒手人间。

有一支探险队在沙漠中寻找绿洲时不幸遭遇沙尘暴，昏天暗地中他们迷路了。更不幸的是，他们携带的食物、水、指南针全丢了，这是很危险的信号，他们随时面临死神的威胁。白天他们要忍受高温和饥饿的煎熬，晚上他们更要忍受蚊虫的叮咬和寒冷。在一位长者的带领下，这支队伍在沙漠中滴水未进坚持行走了两天。长途的跋涉和疲劳几乎耗尽了他们的体能。第三天早上天蒙蒙亮，就在他们实在坚持不住的时候，那位长者突然惊喜地喊道：“我在行包中找到了一壶水！一壶水！”全体队员顿时来了精神，眼里焕发出久旱逢春雨的欣喜。

众队员异口同声提议：“赶快喝了它！”长者神色凝重地说：“不行，谁能预料我们还要走多久，会遇到多少险情？这壶水不到万不得已的情况下不能喝。有了这壶水我们就有坚持下去的寄托和力量。切不可为了暂时的满足而放弃长久的利益，等我们到达目的地再喝也不迟。”众队员觉得长者的话很有道理，听从了他的教导。

他们在长者的带领下继续前行，个个精神饱满，因为他们有一壶水。第四天天明时，他们终于发现了远方有一处碧波荡漾的绿洲，个个兴奋至极。抵达绿洲后，长者拿出那壶“水”，当众倒出里边的“水”，众人傻眼了——壶里装的全是细沙！

一句话击垮了一个人站起来的信念；一壶沙保全了一支队伍的生命。这是信念的失败，也是信念的成功。同样的境遇却有不同的结局。我们前进道路上所遇到的任何困难和挫折，都不如我们对它所抱持的信念和态度那样重要，因为那会决定我们的成功或失败。一位名人说过：“你对所遇到的困难和挫折所抱持的思考方式，可能在你有所行动以前，就已将你击垮。你被事实所征服，只因你以为会这样。”

信念是一种力量，唯大智大勇的人才有。假定信念是火种，人是燃料，那么这火种所燃烧的火把，一向都是寥寥无几，而且往往还是摇晃不定的。精神上遇到大火或大旱时，从火把上掉下来的火星也会把一个人击垮。大旱里人的信念所发出的智慧的光芒才能引领一个人战胜自己，战胜一切困境和失败。

一个人失败了首先是信念的失败，其次是智慧的失败。

信念决定方向，智慧决定结局。

用信念断臂自救

拉尔斯顿是美国的一位青年登山爱好者。一个星期六的早晨，拉尔斯顿把盐湖城东南200千米的布鲁约翰峡谷作为攀登目标。拉尔斯顿出发时没有带很多的登山装备，只是骑着一辆山地自行车、带了一个急救包、一根登山索、一把8厘米长的袖珍小折刀和一天的干粮和饮用水。他独自一人出发，也没带手机，临行前只是随意告诉一位朋友自己登山去了，估计当天可以结束并返回。

到达目的地后，拉尔斯顿从一条3米宽的岩缝开始攀登。当他登到25米左右的时候，一块巨石在他的头顶挡住了去路，要想继续攀登，必须搬掉这块挡路石。就在他使出浑身力气撬动那块几百公斤的巨石时，发生了意外：巨石摇晃了一下，正好将他的右臂压住，一阵剧痛几乎让他昏迷过去。等他清醒过来时，他发现右手臂一边是巨石，另一边是石壁，二者夹得他动弹不得。他试了一次又一次拉出自己的右臂，除了钻心的疼痛外，他不能有丝毫动弹。没有任何通讯工具，他只有等待救援人员的到来。幸运的是登山包就在身边，他整整在悬崖上吊了3天，他用左手掏包里的东西节省地吃，也不大动弹以保持体力。3天后他喝干了最后一滴水。第六天清晨他从昏睡中醒来。耗尽食物后他已两天没吃到一口食物，没喝一滴水。在这偏僻的山谷没有人会来，他很清楚再这样下去只有死路一条。

唯一的希望只能是自救。拉尔斯顿想到了自己包里的袖珍小刀。没有任何麻醉药剂和药片，他咬紧牙关肢解自己的右臂。鲜血顺手臂汩汩流下，在肉体的巨大疼痛中他昏了过去，不一会儿山风吹醒了他，神志清醒后，他将肘部以下的右臂割断，并用绷带将自己的手包扎好后企图把断臂从巨石下取出来，他失败了，手臂上血流不止。无奈之下他舍弃断臂用左手拉住登山索缓缓滑下山谷。

他不能骑自行车，只好护着手臂向谷外走去。巨大的疼痛和极度的虚弱使他感到天旋地转，但他知道，如果停下来没有人会发现他。他咬着牙沿着河谷走了很长的一段路，直到两名登山者发现了他并拨打急救直升机的电话后，他终于获救。

其实，就在他被困的几天时间里，他的朋友动用直升机搜索过他，无奈他太隐蔽了，都没有被发现。值得一提的是，当他被送进医院后转院治疗时，他居然谢绝了别人的帮助自己走向急救室。

现在拉尔斯顿这个名字像长了翅膀一样飞遍美国各地，他已成为英雄的象征。

这个新闻使我的心久久不能平静。在绝境中，拉尔斯顿与死神较量了整整6天，他没有坐以待毙，更没有悲观失望怨天尤人，他只是忍着肉体的巨大痛苦与厄运较劲，与死神掰手腕。绝境中他肉体的力量一天天少了，而信念的力量却随着痛苦不断增加。大难临头除了本能的求生欲望，是什么支撑拉尔斯顿赢得了生命？

你高昂信念的头颅，死神会收敛狰狞的面目；你举起意志的旗帜，厄运会放下企图打败你的道具。原来，死神也怕你拿起信念的小刀，抛出意志的绳索，向他身上开刀。

再上一级，高看一眼

那个下午，在新岗位屁股还没坐热的他就接到下岗通知书，雪上加霜的是，相恋了三年的女友背叛了他，跟着一个大款去了南方。因为工作上的一些失误，原先关系很好的同事渐渐地疏远了他。他一下子从青春的顶点跌到了深谷，仿佛整个世界都遗弃了他。万念俱灰的他登上了以前和女友经常散步的山。

一切是那么熟悉，一切又是那么陌生。两人刻在大山石壁上的誓言还依稀可辨，曾经背靠背看夕阳的石座依旧，曾经围绕着他们在山谷翩翩起舞的蝴蝶仍然纵情飞舞，曾经静静地听他们唱歌的牛羊依然悠闲地啃着青草……

可是物是人非。这一切勾起了他的痛楚，活着还有什么用呢？这样一想，他决定从山上跳下去一了百了。在离山顶不远的半山腰，他发现了一个悬崖，足以让他摆脱一切尘世的烦恼。他站在悬崖边，往事像潮水一样涌上心头。

他还想看看曾经看过的斜阳和远处即将靠岸的船只。可是在半山腰抬头看去，除了冰冷的峭壁阴森的豁口，往日一切美好的景色看不见了。忽然狂风大作，从远方卷起层层乌云，一场大雨即将来临。他犹豫不决开始动摇，他想如果不下雨，就选择新生；如果下雨，就结束人生。

就在他抽起闷烟等待大雨来临时，耳旁传来亲切的话语，像久违的父亲的声音。一位精神矍铄的牧羊老人走了过来，拍拍他的肩膀说："小伙子，站在半山腰能看到什么呢？一切如过眼云烟，有什么想不开的！再上一级，多看一眼，说不定好景色就在头顶。"老人的话让他泪水夺眶而出。他毫无保留地诉说了自己痛苦的遭遇。雨下了起来，他下定了决心，不言不语，缓缓向前边的悬崖走去。老人一把拉住了他："走！我们再上一级，到山顶上你再跳也不迟。"

奇怪的是，上了一级却是截然不同的景色。远方的船夫冒着大风引吭高歌，扬帆归岸，尽管风浪使船摇晃不定，进度缓慢，但船夫们并没有放弃扬帆，而是大声地唱着船歌，一声比一声有力，逆风拼命与大风大浪搏斗。头顶的夕阳火一样燃烧着，晚霞灿烂得如同一面旗帜，在风中猎猎招展。回家的鸟儿欢快地唱着歌，衔着食物纷纷在草丛中起落，嗷嗷待哺的小鸟张大嘴巴贪婪地吞食母亲衔来的食物。一切显得那么和谐，生机勃勃。他自己也感到奇怪，仅仅一级之差，一眼之别，却是两个不同的世界和图画。

他死去的心灵被眼前的图画渲染得明朗起来。老人说："看见了吗？绝望时你站在下面看到的只是头顶沉重的乌云和眼前冰冷的峭壁，而你换了个高度和不同的位置，山腰下雨时山顶却和风丽日，另一番充满希望的景象。一念之差就是两个世界。孩子，记住，在人生的岔口遇到挫折和烦恼，你笑时世界不一定笑，但你哭时脚下肯定是泪水。"

几年后，他有了自己全新的能发挥特长的工作，再过了几年，他有了自己的远近闻名的文化传播公司。进出他办公室的人，总是发现他的办公室里挂着一幅山水画，背景是一老一少坐在山顶上手指远方的悬崖峭壁、晚霞夕阳和逆风起帆归航的船只。题款为：再上一级，高看一眼。

逆境中再上一级是一种成功前的觉醒，超越挫折后高看一眼是风雨后的彩虹。

帽子没有头重要

小城内有一位远近闻名的老者，嗜好书画、古董、家具收藏。老者只上过高中，在"文革"年代能上到高中已算高学历了。命运多舛的他，自小就失去了父母，后来靠家境贫寒的舅舅硬撑着供他上学，有了点文化。就在他准备考大学的那年，"文革"开始了，他的大学梦随之破碎了。后来由于喜欢收藏古董，受别人诬陷又被关进牛棚，遭受了非人的待遇。

在那朝不保夕的年代，他小心翼翼地生存，白天像牛一样地干活，晚上偷偷看自己喜欢的文物鉴赏和古今中外名著。"文革"结束后，他错过了上大学的机会。生产队的人推荐他当上了一所小学的政治教师。老者潜心研究马列主义哲学，尤其擅长于唯物主义辩证法。就这样他一边钻研一边走遍民间收藏古董。几十年下来，他学识渊博，天文地理历史政治无所不通。小城里各行各业都聘请他去讲学授课。他省吃俭用，生活上粗茶淡饭，一身布衣，走在大街上根本看不出他是满腹经纶的学者。现在，他在省内自费办起了一个面积近千平方米的私人博物馆，免费向外界开放。曾有许多富商出价百万收购他的藏品，均被他拒绝。

有一次我到某单位办事，巧遇久闻大名的他。餐桌上是当地产的平价酒和几个家常小炒。老者很幽默，酒喝到尽兴时，他即兴当着我们的面朗诵毛泽东的《沁园春·雪》，神情泰然，气势非凡，既有气吞山河的豪迈又有风起云涌的壮阔，一看便知老者是性情中人。

曾有多家省级新闻媒体来采访他，均被其拒绝了。吃饭时，有人问老者何以这么快乐健康。老者抿了一小口酒，脸色红润地笑着说："帽子没有头重要。"又有人问老者一生经历了这么多磨难有何感慨。老者很率真，像个天真无邪的孩童。"有什么磨难可言？活着就是最大的幸福。我之所以有今天，我想我的自慰联起了最大的作用。"老者很坦率地说道。

"那你的自慰联是什么？"我们不约而同地问道。

"心上事何谓心上事，何须悬心上？身外物不过身外物，不妨抛身外！"老者的回答掷地有声。

醍醐灌顶，云白风清。一语惊心！

"帽子没有头重要。""心上事何谓心上事，何须悬心上？身外物不过身外物，不妨抛身外！"老者的简单的几句话拨开了我潜藏很久的荫翳。简单就是美丽，放下就是快乐，淡泊就是幸福。为人处世，第一先拼境界，第二再拼人格，第三才拼才干。

当我们觉得不够快乐，不够幸福，不够轻松，不够强大时，不妨先将心上事放下，不妨将身外物抛开。境界不高不可怕，可怕的是你放不下心上事；人格不高不可怕，可怕的是你放不下身外物；才干不高不可怕，可怕的是你看不淡心上事、身外物！

也许对真正快乐的人而言，最高的境界是无境界，最好的生活是没心上事、身外物。

没有人拒绝微笑

单位位于闹市区，上班时间经常有小商小贩趁门卫不注意的时候偷偷溜进办公大楼，推销商品。有时我正专心致志地工作，突然有商贩敲门，有的甚至不敲门直接推门进来推销商品，打扰我工作，让正在思考中的我头疼不已，十分反感。

有一天，一个小伙子敲门走进我们办公室，用格式化的语言礼貌地说道："对不起，打扰一下，我是某某某公司的驻地代表，请问你们是否需要电脑清洁纸巾？如果需要，我们可以给你们优惠。"见多了形形色色上门推销的商贩，专心工作的我们对此没有丝毫兴趣。一个同事说："你好，我们不需要你的产品，不要扰乱我们的工作秩序，上班时间不容许推销商品，请你离开好吗？"深受其扰的我们一脸不悦，给他冷冰冰的脸色。

他并没有沮丧，带着微笑温和地说："不买也可以啊，允许我给你们试一下产品好吗？"还没等我们同意，他很快拿出一包纸巾擦拭我们电脑有污垢的部位，动作十分娴熟，但埋头工作的我们并没有买他的账。但他还是礼貌地说了声："对不起，打扰了，再见！"

片刻，他又来了，他说："你们领导说了，需要这种产品，请你们考虑考虑好吗？"一个同事开玩笑地说："领导需要就让领导买去，我们不需要，还是请你走吧！"同事的话没有一点商量的余地。他并没有因为我们的冷漠而放弃可能赢得的希望，努力详细地介绍他所推销的产品的性能和好处。最终，忙于工作的我们谁也没有理睬他，无论他怎么游说，我们没有一个人动心。他还是微笑着离开了。

第二天早上一上班，他又来了。还是一样的诚恳、一样的期待，我们一样的冷漠、一样的脸色，很坚决地拒绝了，并明确告诉他如果再来打扰我们工作，我们就不客气了。让我纳闷的是，不论我们对他有多么讨厌、冷漠，拒绝他，他脸上始终洋溢着笑容，没有一点不悦的表情，微笑着进来，微笑着离开。我在想，如果我遇到这样的情况，肯定早已放弃了。

第三天他还是来了，但得到的还是同样的待遇。我们以为吃了几次闭门羹的他会放弃，第四天不会再来了。没想到的是，第四天他又出现在办公楼内。考虑到单位电脑较多，我们答应买他300多元的产品，前提是他必须拿出正规有效的发票，否则不予购买。他的发票是上海市的，尽管有水印，但财务人员不在，我们不能确定发票真伪。最终我们明确告诉他不要了，请他到别处去推销。他眼里闪出一丝希望的光芒，连声说“谢谢”，微笑着告退。

第五天他仍然来了，出乎意料的是，他不但带了价值300元的产品，还带了税务部门的发票鉴定证明！我们买下了他的产品。他临走时，我一改往日的冷淡，热情地问：“我真的服了你，难道你就没想到过放弃？有何秘诀？”他一脸阳光，给我一句掷地有声的话：“没有一块冰不被阳光融化！没有人拒绝微笑，就这么简单。谢谢，我走了。”

我愣住了，想想也是，我们给他太多冷漠冰霜，但是最终被他的执着融化了。

没有人拒绝微笑，且这种执着的微笑精神往往通向成功的道路。

给人生一副担子

有一次到青藏高原去旅游。那里草碧天蓝云白风清，肥壮的牛羊，淳朴的民风，巍峨的群山，给我留下了深刻的印象，但印象最深的还是到一位牧民家喝奶茶时遇见的一件小事。

在牧场门口，我看到一位牧民把筐子吊在很高的围栏上，而不直接把筐子里的草扔到地上让马吃。我不解地问道：“伯伯，你为什么要把草挂起来让马吃？”牧民说：“这种草草质不好。如果撒在地上它就看都不看，用蹄子挑来挑去，糟蹋得不成样子，草就浪费掉了。但如果挂在马勉强够得到的地方，它会一个劲儿地吃，直到把草吃个精光。”我恍然大悟，不禁想起小时候听父亲讲过的一个故事。

过去，有个财主的儿子好吃懒做，20多岁的他整天游手好闲，无所适从。财主非常担忧儿子的前途。一日，财主让儿子到外边挣20元钱来，如果能挣到就奖给他40元。儿子出门后，财主的妻子怕娇生惯养的儿子吃不了苦便偷偷塞给了他20元钱。天黑以后儿子回来了，把20元钱交给了财主，财主一把将钱扔进了火焰熊熊的火炉中，儿子无动于衷。第二天财主大病一场，但他仍让儿子到外边挣20元钱来。这次财主的妻子没有给儿子塞钱。天黑后儿子回来了，他只挣了5元钱。财主把钱放到火炉中，儿子一看着急了，冒着手被烧伤的危险从火炉中把钱抢了回来。财主终于放心地闭上了眼睛。

同样的草，放在不同的高度却有不同的结局；同样的钱，扔进火中人却有不同的表现，这是因为他们身上有担子啊。

马不努力吃高处的草就会挨饿，财主的儿子不努力挣钱就会受穷。人生大抵如此。给人生一副担子，虽然沉重，需要毅力，但挑起来了，那里面便是希望；不堪忍受重压而放弃担子，那里面永远是虚无的梦幻。

生于忧患，死于安乐，压力即动力。难怪有的人奋斗了一生，到头来两手空空，那是因为他没有给人生的担子装进足够的勇气、决心和毅力啊！

给人一架梯

上大学时，校园里有一片柿子树林，柿子成熟时，又大又甜的柿子沉甸甸地把树枝都给压弯了，诱得我们总想寻个机会偷偷摘几个柿子解馋。学校明确规定：未经管理人员许可，不得私自进入园内践踏花草采摘果实，若违规，视情况将给予处分，并记入学生档案。慑于校规的威严，我们只能望“柿”兴叹。

机会终于来了。一个周末的夜晚，明月朗照。上完自习课后，整个教学楼熄灯了。我们3个舍友想，柿林的管理人员应该回家了，我们可以乘机偷柿子解馋。很快我们找来了手电筒，明确了分工。一人在园外负责看人，一人上树摘柿子，一人在树下接从上面扔下来的柿子。提心吊胆中，不到一会儿，我们的包里装满了柿子。突然，放风的舍友喊道：“快下来，管理人员来了，快撤！”

树上的舍友慌了，急忙从树上往下滑。然而已经迟了。守柿林的老者已经打着手电筒走到树下。我忐忑不安等待他的盘问，趴在树上的同学吓得不敢下来。老者缓缓地把手电筒照在树上，轻声说道：“别着急，慢慢下，当心别摔着！”舍友在树上默不出声。“想吃柿子说一声，晚上摘柿子多危险，下来吧，别慌。下不来我去给你拿架梯子。”老者很快拿来了梯子搭在树上，舍友踩着梯子稳当地下了树。

我们规规矩矩站在树下等着他的盘问，心都提到嗓门上了。毕业关头，在这个以纪律严格而著称的学校，违反校规无异于触高压线。

糟糕的是，校保安处的两个值勤人员听到声音后拿着手电筒赶了过来。一个拿出违规学生登记本，一个严肃地询问：“发生了什么事？是不是有人在偷柿子？哪个系哪个班的？叫什么名字？”老者抢在我们前面说道：“今晚闲着想吃柿子，就叫了3个刚下自习的学生帮我摘几个柿子尝尝。”“不可能吧？摘几个柿子用得着几个包吗？肯定是你有私心，想拿到校外去卖。”值勤的人不怀好意地说。“不信你可以问问他们啊！”老者平静地说。我们异口同声帮老者圆谎。值勤的人悻悻然走了。

老者说：“孩子回去吧，以后可别犯错误，前途要紧！”

那天晚上，我们忐忑不安地度过了一夜，总担心值勤的人会来调查。

后来校园里见不到老者的身影，再后来听说老者被学校保安处辞退了，回到了他那贫困的农村老家，原因是他私自在夜里偷学校的柿子到外面卖。那年7月，我们怀着自责的心情顺利毕业了。

现在老者的那句话时常萦绕在我的耳边：“别着急，慢慢下，当心别摔着！”这充满温情关怀的话，既维护了我们的尊严又揭穿了我们的浅薄。

后来，每当涉世不深的小辈犯错误后，我就会想起老者，想起他给我们的梯子，想起那个既可以让我们背上沉重包袱，也可以成就我们前途事业的不寻常的月夜。当他们犯错误时我就想，给这些稚嫩的心灵一架梯子，让他们从错误的泥沼里抬头走出来吧，别给他们一块冰冷的石头，断送今后充满光明的人生。

烟盒里的人生观

单位门口是闹市区，常有三轮车夫在此路段等客、拉客。大热天口渴时，他们常常到门卫老头那里要杯水喝。一来二去，他们不但和门卫老头成了熟人，而且和常到门卫老头那里拿稿费和书报的我混了个面熟。

有一次，我到老头那里拿杂志社新近寄来的稿费单，恰逢一前来要水喝的老车夫。他主动和我搭讪，并从兜里掏出香烟给我发烟。他掏出的烟盒很是让我惊讶，他掏出的是20元一包的“金南京”！在我们的心目中，一天只挣一二十元的他们通常情况下只抽一两元钱的廉价烟，根本舍不得抽这种高档香烟。我觉得这个老车夫很特别。

接过他的香烟，我仔细一看原来是一角钱一支的“大前门”。我笑了笑：“老爹，你也很有意思啊，能从两元钱一包的香烟中抽出20元一包的香烟的味道。”他露出憨厚而又很拙朴的笑容说：“想想自己能抽20元一包的香烟，最起码心里感觉不一样嘛。尽管壳子是20元的包装，里边的香烟只是廉价的，只要心怀20元的感觉，即便再难抽的香烟，同样会有很舒服的感觉，这样蹬车就感到浑身有使不完的劲儿。”

他的话很让我震撼！我为妄自的猜测而感到脸红。

点上他给我的香烟，我有一种异样的感觉。签字接过门卫老头给我的百元稿费单，我上楼办公。上楼时，蹬车的老车夫向我翘起大拇指，说：“小小年纪拿这么多的汇款，了不起！”我赶忙给他发了一支“金南京”，以表示感谢。

后来听门卫老头说，那个车夫真不简单，老婆常年卧病在床，还供一个上名牌大学的儿子上学。我为他乐观的心态而肃然起敬，怪不得他这么有精神，原来在沉重的生活担子下，他有着常人所不具备的资本啊。我萌生了有朝一日见见他儿子的念头。

前一段时间入梅以后的一个下午，快下班的时候，突然下起了倾盆大雨。路上的行人纷纷赶到单位一楼的楼檐下躲雨。刹那间，大街上积满了雨水，很少看见行人了。我下班后，到门卫老头那里拿刚到的晚报，那个蹬车的老车夫在门卫躲雨喝茶。大雨早已淋湿了他，雨水在他像梯田一样纵横交错的皱纹间缓缓流下。我问他今天拉客怎么样，他说不怎么样，凑凑合合。说完他又给我掏香烟，这次他掏的香烟更上档次，是50元一包的“中华”，我以为里面装的还是几元钱的廉价香烟，出乎意料的是里面装的是真的“中华”香烟。这巨大的反差让我有点纳闷。他自豪地说：“儿子放假回来，得了一等奖学金，是儿子买给我的！”那神情十分夸张、骄傲，眉宇间洋溢着喜悦、满足。我说：“你儿子真孝顺啊！”他未置可否。

我正在抽他的烟，一个穿着雨衣、白白净净、一脸书生气的小伙子走进来，对着老车夫说：“爸，回家吧，今天你不用蹬车，我来蹬车拉你回家。”说完拿出纸巾，给老车夫擦去脸上的雨水。老车夫拉着儿子的手说：“叫‘叔叔好’。”他腼腆地叫了我声“叔叔好”。我说：“都是同龄人，叫我哥哥好了。你爸爸真了不起啊！培养了你这样一个孝顺懂事的大学生。”

出门时，他突然给我说了句让我惊诧不已的话：“多年前，我爸爸还是个代课教师呢，他说过，如果不能拥有美好的人生，那一定要拥有美好的人生观！”

儿子蹬车，老子坐车，望着渐渐消失在茫茫大雨中的父子俩，这感人的一幕让我的心慢慢湿润起来。

那句话深深地烙在我心中：如果不能拥有美好的人生，那一定要拥有美好的人生观。我终于明白了老车夫为什么在高档的烟盒里装廉价的香烟：他以一个香烟盒为工具，把人生的减法变成加法，把生活的负数换算成正数啊。

给自己一个趔趄

刚进大学的第一学期，在入学教育的第一堂课上，年近花甲的老教授向我们提了这样的一个问题：“在座的各位，你们从千里之外考到这所院校，独自一人到学校报到的同学请举手。”举手者寥寥无几，且大多都是从农村来的。教授接着说："由父母亲自送到学校的请举手。"大教室里近百只手刷刷地举了起来。教授摇摇头，笑了笑给我们讲了这样一个故事。

一个中国留学生，以优异的成绩考入了美国的一所著名大学，由于人生地不熟，思乡心切加上饮食生活等诸多的不习惯，入学不久便病倒了。更为严重的是，由于生活费用不够，他的生活甚为窘迫，濒临退学。给餐馆打工一小时可以挣几美元，他嫌累不干。几个月下来他所带的费用所剩无几，学校放假时，他准备退学回家。回到故乡后，在机场迎接他的是他年近花甲的父亲。当他下飞机后，看到久违的父亲，便兴高采烈地向他跑去。父亲脸上堆满了笑容，张开双臂准备拥抱儿子。可就在儿子快搂到父亲脖子的一刹那，这位父亲却突然大大地向后退一步，孩子扑了个空，一个趔趄摔倒在地。

他对父亲的举动深为不解。父亲拉起倒在地上已经开始抽泣的孩子深情地对他说："孩子，这个世界上没有任何人可以做你的靠山、当你的支点。你若想在激烈的竞争中立于不败之地，任何时候都不能丧失那些叫自立、自信、自强的生命支点，一切全靠你自己！"说完父亲塞给孩子一张返程机票。这个学生没跨进家门直接登上了返校的航班，返校不久，他获得了学院里的最高奖学金，且有数篇论文发表在有国际影响力的刊物上。

教授讲完后说："这世界上每一个人出生在什么样的家庭，有多少财产、有什么样的父亲、什么样的地位、怎样的亲朋好友并不重要，重要的是我们不能将希望寄托于他人，必要时要给自己一个趔趄，只要不轻言放弃，自立、自信、自强，就没有什么实现不了的事。"

听了教授的故事，全场鸦雀无声，我们似乎一下子长大了许多。终于明白：命运如同掌纹，弯弯曲曲，却握在我们自己手中；只要不失去那些叫自立、自信、自强的支点，即使在危险的条件下，我们也同样可以书写一个大写的"人"字。

跟自己比长短

上初中时，我经常到少年宫参加武术培训。培训班分甲乙两个班，甲班的同学年龄比我们大，功夫也比我们深。为了参加市少年武术大赛，作为乙班班长的我暗下决心一定要夺得冠军。我的竞争对手是甲班班长，我们经过一番较量顺利通过了预赛，决赛时我们铆足了劲儿全力出招攻击对方。对打过程中我一直在寻找他的破绽，但总找不出，而他却能突破自己防守中的漏洞反守为攻，几个回合下来我败于他的手下，结果失去了参赛资格。

我找到教练，将对打过程中的一招一式再次演练给他，并要求教练帮我找出甲班班长的破绽，以便下次打倒他夺回冠军。教练笑而不语，在地上画了一条线，他让我在不擦掉这条线的前提下设法将这条线变短。我绞尽脑汁就是想不出办法，最后放弃思考请教教练。教练只是在刚才画的短线旁边又画了一条更长的线，两者相比之下，原先的那条线短多了。

最后教练语重心长地说："比赛的目的不在于如何攻击对方的弱点。正如地上的长短线一样，只要你自己变得更强，对方正如原先的那条短线，也就无形中变弱了。如何使自己变得更强才是你需要思考的。"

生活中少不了竞争。在人生的道路上有许多障碍需要我们去排除。大多数人喜欢找捷径求得成功，但最好的方法是和自己比长短，只有在对手面前努力使自己的"尺寸"更长一些，注重内在力量的提升，让自己长过原先的自己，这才是我们求得成功的关键。

很多时候，我们强过自己就是胜过对手啊！

有一种美在墙壁上延伸

漫步林间，看见一株藤蔓附着枝干，这是柔软与坚实的相互交缠，我感动于这静美的一幕。让幸福与归属就此驻足吧，我想。细细的枝蔓，羞涩地躲在树叶背后娇小的花朵探头探脑，柔软的手臂拨开遮挡羞涩笑脸的枝蔓，像个不谙世事的小女孩，几许矜持，几许天真，几许清新。不知未来会有怎样一番风雨摧折。也许藤将断、树会老、花会谢，也许天会荒、地会老。在这花谢花开，地老天荒之间这株藤蔓被风雨洗濯着怎样的容颜？传唱着怎样的歌谣？演绎着怎样的缠绵？

那么，请时光定格在此刻吧。定格即是永恒。永恒里有这静美的一刻，未来虽然可能遭遇种种劫难，此刻努力盛开的花朵，此刻为阳光鼓掌的叶子，此刻在树上竖起耳朵聆听风起风散的木耳、苔藓，证实着这份静美，固守着这份默契。谁说这不是一种永恒呢？

有一双明亮的眼睛看见了，有一对聪慧的耳朵听见了，有一双懂得欣赏的脚驻足了，有一张懂得感叹的嘴巴品味了，就足够了。生活的静美常常就在这些琐碎、细微、自然的事物上，平常我们的眼睛是向上的，我们看不见这些金子般珍贵又平常的美好事物啊，我们只看见遥不可及的美，只追求缥缈的幸福，我们怎能触摸到脚下的美好，采撷到被阳光晒得热润的丝瓜呢？想来真是悲哀。

每一个人都对生活怀抱一些诗意，这种诗意因为无法实现而显得弥足珍贵。实际上有的诗意是触手可及的。你希望拥有一片斜斜的屋顶，屋顶上爬满了青绿的藤蔓，藤蔓间结出长长的丝瓜。夏日的傍晚，天起凉风的时候，你爬上靠墙的木梯，到屋顶上采收一条条被阳光烘烤的丝瓜，然后你来到厨房，煮一锅鲜靓的汤，和你心爱的人围着锅台慢慢品尝，这一刻是多么浪漫而富有诗意啊！

可是住在水泥楼房里的无限向往的我们，有这样的屋檐、青藤、木梯和丝瓜吗？没有！但是实际上我们已经拥有过了，在我们对生活的诗意向往中，在头脑里。无论现实多么喧闹、拥挤，只要能够想象，怀抱诗意的青藤，我们就可以顺着枝蔓的走向发现藏在背后硕大的果实，维持这种内在的清凉和平静，这种自得其乐的滋味和快乐。

闲暇之际，我喜欢一个人到小城的老巷散步。每当看到那些从低矮破败的院墙里，调皮地爬出来张望从小巷经过的行人和车辆的丝瓜藤蔓时，我格外羡慕它们的主人。在我眼里，他的生活就如同诗一般。

诗人树才说过，“诗在生活中，就像火在木头里”。我喜爱极了这句话。真的，这种向往是一种酒，在庸常的生活中将为生计发愁、奔波的我们无意间醉倒，最好醉了就不要醒来！

泰戈尔说过“生如夏花之绚烂，死如秋叶之静美”。每一朵花都有绚烂的理由，每一片叶子都有静美的时刻，努力地盛开过，平静坦然地入土，生命的许多意义就在绚烂与静美的过程中。每天我们按部就班、永远行色匆匆，当鲜活的藤蔓爬出墙头，将触角伸入我们的梦境，覆盖我们的笑靥，我们的眼睛就不再为一株藤蔓焕发的容颜老去，舌头就不再为庸常、古板的生活麻木，耳朵就不再为屋外的喧闹和随风潜入夜的细雨结起老茧。

有一种美在墙壁上延伸。当我们拥有“水声亦当琴声听”的诗意，当涓涓流水翻腾着浪花融进生活的汪洋大海时，日子就变得有意义起来。每一朵浪花都是一曲歌谣，每一圈涟漪就是诗意的扩张啊。

远去的草垛

前些天接到父亲从千里之外的老家打来的电话，他告诉我村里的麦子已经收割完了，粮食被早早地收进了粮仓。记忆中，家乡人收麦时离不开镰刀，速度很慢。我惊诧于收割的速度。父亲说，今年麦子不是人收的，而是收割机收的，省力又省事，马达一响，麦草便碎成草节，金灿灿的粮食哗啦流进粮袋。父亲说得很轻松。“那草垛呢？”我问父亲。“哪里还有草垛的影子？早被一把火烧成灰扬在地里了。”父亲说。

放下电话，我怅然若失。远离家乡到外地求学工作，我已整整五年没握过镰刀，没见过草垛。儿时，草垛是我们最大的乐园，草垛之于我们就如同水之于鱼儿，我们之于草垛就如同向日葵之于太阳。每逢收麦打场时节，小伙伴们三五成群以草垛为碉堡、据点，或捉迷藏或打“游击战”或讲故事。在单调的乡下，唯一可以给我们带来无穷欢乐的就是麦场和草垛，我们在草垛这个没有任何装饰的舞台上，轮番上演从课本中学来的《小英雄雨来》《王二小放牛》《董存瑞舍身炸碉堡》的故事。做一回“舍身炸碉堡”的英雄是我们每个人的心愿。当我们一个个冒着“敌人的炮火”，将里面掏空的草垛掀翻时，那“视死如归”使草垛轰然倒塌的“壮举”，多少满足了我们年少轻狂做一回英雄的自豪感和虚荣心。那时，我们手拉手围着草垛，嘴里念着毛主席爷爷“好好学习，天天向上”的教导，互相许愿，长大了做个军人，军装一穿，手枪一别，要多威武就有多威武。草垛给了我们无尽的欢乐与梦想。每天傍晚，我们在成群的草垛中东躲西藏，围着围裙的母亲站在被暮色染红的麦场喊贪玩的孩子回家吃饭。我们哪顾得上吃饭？手持木棍刀光剑影短兵相接“杀”成一团，好不热闹，把母亲的呼唤全抛在脑后，直到母亲拿根棍子追过来拧住耳朵才恋恋不舍地回家。分手时，顾不上抖掉满身的草屑，还彼此相约明晚不见不散。

村庄里偶尔在麦场放一部露天电影，我们会早早地赶到草垛，占据有利地形，划分自己的阵营，谁也别想侵占。要好的伙伴们聚在一起，我分你一块水果糖，你分我半个青涩的苹果，一起挤在草垛下面看着电影慢慢品尝，巩固在草垛中建立起来的“阶级”友谊，别提有多高兴了。

光阴似箭，现在儿时的伙伴天各一方，有的成家立业，有的远走高飞。只是不多的电话联系中，彼此还能倾诉对故土的想念和对草垛的怀念。我知道，工业文明的触角一天天深入村庄的每个角落，草垛也将一天天老去，甚至被遗忘。村庄一天天老了，草垛也渐渐飘散在记忆深处。只有生生不息的炊烟，像一面旗帜在村庄上空，年复一年、日复一日、亘古不变地飘扬着。我也明白，随着农业现代化的发展，炊烟也会在不久的将来消失在村庄的上空。这多少会给人增添剪不断、理还乱的乡愁。

草垛就像一个慈母。年轻的时候，看着自己的儿女在怀中编织纯真的梦想，一个个儿女像羽翼不全的雏燕，被她小心翼翼地搂在怀中，尽情地吮吸母爱的芬芳。而当儿女们羽翼丰满一个个远走高飞时，只剩下母亲一个人孤零零坐在村庄里张望，身上落满了灰尘和风霜，长久的沉默和岁月的风雨使她内心的壁垒霉迹斑斑，有哪一个儿女还会回首牵挂呢？只有不懂世事的麻雀一如既往地在草垛中觅食，梳理凌乱的羽毛。

伴着所有欢笑泪水我就是那样度过，那一段日子我永远记得，也许现在的我早已改变许多，但至少我还是在草垛的怀抱中做梦的我。不同的事业，不同的时空，将我和草垛的血缘割断在现代文明带来的伤害中。走在城市的大街上，我也学着穿名牌打领带，但打出的饱嗝总有麦草和土豆的味道。这也许就是草垛留给我唯一的胎记吧。无论我飞得多高，走得多远，心灵深处一直不曾泯灭的是对草垛的爱恋。远去的草垛啊，今夜我将一步一步走近你，抱紧我吧，我年迈的母亲。

一只驻足在我梦境里的羊

羊群是田野里的游走的云，温柔、脆弱、善良的云。从宿命的角度讲，羊是很苦命的生灵，为了吃饱肚子，每天不辞辛苦翻山越岭，甚至为了一簇并不怎么鲜美的青草，还要在人迹罕至的地方走出一条“羊肠小道”来。更有甚者，无辜的羊成为部分人斗争和获利的牺牲品，一辈子戴上了“替罪羊”的沉重帽子。残忍的人为了生活，将羊的皮毛剥了，吃肉喝汤，肉吃光了，还要将毛皮制成衣服、饰品换成钱，满足生活的某种愿望。

印象中，年少时村里几乎家家户户都养羊。平时家里忙，没有人照顾这些柔弱的生灵，大人们按照自家所养的羊的数量的多少，将几户人家的羊合成一群，按一次放牧半天的规矩轮流放羊。暑假的时候，放羊的任务就落到了没有劳动能力的自家孩子身上。

上初中的时候，我家里养过十只羊，对贪玩的我们来说，放羊是一件极其美好的事情。十只羊里面有一只年纪大了，身上的毛都脱了，走路总是走在后面，让人见了格外心疼。别的羊可以跑很远的一段路，可以轻松跳过沟沟坎坎，吃上鲜美的青草，而唯独那只老羊落在后面，吃别的羊吃剩的草。那时我们通常是三五成群，将羊赶进山里，然后在山口打牌、下棋、吹笛子。时间长了，我发现老羊从不远离我们，就在离我不远的地方来回吃草，而其他的羊早已跑得不见踪影，莫不是它对我有特殊的感情？

麦子收割以后，我经常在麦地里捡拾一些撒落的麦穗，在回家的路上悄悄喂给老羊，每当那时，老羊显得很温顺、安详，慢腾腾地咀嚼。吃完了便伸出舌头，舔我的手掌，这也许是它对我的报答吧。有时打牌打得不耐烦了，我就用镰刀割一些水沟边的青草倒在地上，赶走那些年轻体壮的羊，给老羊开小灶。老羊吃一会儿，然后抬头看看我，咩咩叫上一两声，似乎在表达某种谢意。

我发现人和羊之间也有默契。回家的时候，其他的羊早早地跑在前头，而老羊却像个忠实的侍卫跟在我后面，我走它也走，我跑它也跑，我停它也停。同伴们发现了这种默契，他们说："你家的羊像你的弟兄一样，会跟你呢！"为了验证这种猜测，他们提议蒙上老羊的眼睛，让我藏起来，看看它会不会找我。我弯起腰藏进一个岩洞里。等我做好隐蔽工作后同伴撒开老羊，片刻我听到老羊的叫声，咩咩咩，急促、不安、焦渴。一声比一声长，一声比一声急。

我在岩洞里听见老羊跑来跑去的蹄音，忽远忽近。也许是找不见我的身影，老羊急了，就站在岩洞不远处不停地叫。同伴喊我："出来吧，羊真的找你呢。"我出来后，老羊一下子看见了，一改往日拖拉的步伐，飞快地向我奔来，边奔跑，边喊叫，咩咩，咩咩，声音有点委屈，像个被母亲遗弃的小孩突然见到母亲后，被母亲抱在怀里后的抽泣。眼神里有一丝伤感，那时形容不出来，现在想来，那种感情应该是久别重逢的欣喜和感伤。我动情地摸摸它的头，它伸出舌头，以为我会给它麦穗什么的，可我手里空空的，但是它并没有一点失望的样子，仍然舔我的手掌，那种亲密、默契、细腻如同一股旱地之上突然冒出的清泉，直透心灵。

羊和人一样有重感情的一面，也有自私的一面。记得有一次放羊时，和伙伴们在田野里打牌，我和一个比我长三岁的伙伴因为他偷牌的事吵了起来，吵着吵着，乘我不注意，他突然一用力将我推了个四脚朝天，我重重地仰面倒在地上，还没等我起来，我只听见他发出"哎哟，疼死了！"的尖叫声，起身一看，是老羊一下接一下地用并不突出锐利的角顶他。他向我求饶："快，快，叫住你家的羊，疼死我了，以后再也不和你打架了。"最终我和我家的老羊以胜利者的姿态站在他面前，警告他以后不要随便欺负我们。

平时看似柔弱的老羊，在关键时刻挺身而出，捍卫了弱小者的尊严。

这让我对老羊又多了一份感情。

考上高中后，我到县城上学，已很少有机会放羊了。然而，每逢周末回家，乘父母亲不注意，我就会偷偷拿出一个馒头悄悄在羊圈里喂给它。老羊已经很老了，谈不上瘦骨嶙峋，但每况愈下，毛脱得更厉害了，腿子比以前更细了，细得能看见血管和筋。自从出生到成为母亲，老羊已为我家生了五只小羊，使我家的羊圈“人丁兴旺”，使羊的总数量达到十多只，从它们身上剪下来的羊毛可以给我们缴部分的学费了。这也是羊对我们的恩泽。它已成为名副其实的功臣。

后来，我们姊妹相继有两人上大学，一年要缴纳1万多元的学费，家里的经济负担越来越沉重。记得大二的第一学期，家人想尽办法后，我的学费还差600多元，实在想不出办法了，父亲决定卖掉两只羊，尽管有点不忍心，但为了儿女的前程，父亲做出了无奈的选择，以600多元的价格卖了老羊和它生的一只羊。可怜的羊、无辜的羊，帮我们渡过难关后成为我命运和前程的牺牲品，尽管它总有一死，但死在别人的屠刀之下，而不是生于斯长于斯的家园里，这让我们心里十分愧疚。

现在我已工作五年多了，可耻的是我竟然还吃羊肉！颇有好了伤疤忘了疼的意味。每当在电视里看见白云下、碧草之上的羊群时，我的思绪就回到了放羊的年少时代。有时触景生情，也许是日有所思夜有所梦吧，我竟然经常性地梦见那只羊，它静静地站在我身旁，有点哀怨地看着我，然后奋力绵长叫上一声：咩——似乎在说：记住吧，你的每一点幸福里都有我的一滴泪水，你的每一次进步里都有我瘦弱骨头的支撑。

那只羊，像一截插入我梦境的楔子，让我对人生有了另一种看法：清白的皮肤之下必有滴血的呐喊，走向明日忘了昨日苦痛的人，必定站不了多久，走不了多远。

云中谁寄核桃来?

老家里有一棵核桃树，长了八年才结果。如同一个苦苦修炼的僧人，披星戴月在咸咸淡淡、无比寂寞的漫漫岁月中，容颜老去、两鬓斑白、普度红尘苦海后才修炼成正果。这让我这个背井离乡的人十分感慨。

每年中秋节过后，家乡的核桃已经成熟了，像个小灯笼一样高高挂在树枝上，秋天的阳光仿佛长上了厚实尖锐的指甲，在成熟的核桃上划出一道道裂痕，风一吹，核桃皮就一片一片掉下来，露出坚硬的内核，闪着诱人的光芒。在他乡工作，每年秋后我常常有一种莫名的感伤，我已经近10年没有吃到过老家里的水果。我并不是贪恋水果，我只是想通过产自故乡的水果给我干渴的味蕾一丝丝原汁原味的故乡的味道。漂泊在外的人，尽管理想的根系已经从故乡的土壤游走迁移到他乡，但是我始终认为他的味蕾对故乡的水土有着永远的渴意。

前些天，父亲打来电话说家里的核桃熟了，准备摘下来寄给我。我说："你们留着自己吃吧，我想吃可以在市场里买到。再说一斤核桃十来块钱，如果以包裹的形式邮寄，光邮寄费就可以买到几斤，不必费那个神。"父亲说："毕竟是自家树上结的，和市场里卖的不一样啊。"

我基本上每星期给父亲打两次长途电话。有一次打电话到县城里的家，父亲不在，是母亲接的，母亲说："你父亲回乡下给你摘核桃去了，老家的院子里长期没有人住，树上的核桃被村里那些调皮的孩子爬上墙头，用长棍打得不成样子。你父亲只好守在那里，没事的时候就望着高高的核桃树数核桃，哪个枝上结了几个核桃他能闭上眼睛说得出来。有时候坐在核桃树下，晒着太阳，数着数着他就睡着了。天气忽冷忽热，为此，他还感冒过几次。"电话这边的我不知道说什么，但我可以想象得出，年过60的父亲是以怎样的姿态和虔诚，守望那棵可以给他儿子带来故乡味道的核桃树。我的脑海里浮现出这样的画面：

宽敞的院落里，瓜果飘香，父亲戴上我给他买的老花镜，仰着脖子，握着细长细长的竹竿，指指点点，从上面数到下面，从左边数到右边，数错了一遍，再从下边数到上面，从南边数到北边。脖子酸了，就在椅子上坐上一会儿，抽根烟，然后踩在椅子上，仔细清点那些躲藏在树荫里，轻易看不到的核桃。太阳好像和父亲过不去似的，把父亲的眼睛照得流出眼泪，父亲拿出用了多年的灰色手帕，擦擦眼泪，然后将眼睛眯成一条缝，围着核桃树数着、点着。

电话里，母亲随后的讲述证实了我的想象。我对母亲说，我已经答应过同事们，等收到家里的核桃后让他们尝尝，但考虑到邮寄核桃很麻烦就以天气变了核桃放在家里坏了的理由收回了我所说的话。母亲说，答应别人的事一定要做到。

国庆节的时候，父亲打来电话说："树上的核桃全部摘了回来，一共72个，被小外甥哭闹时吃掉了6个，剩下的全部寄给你，有的已经脱了皮，有的还没有脱皮晒在阳台上，你再等几天我会尽快寄过去。"我说："要寄就象征性寄一些，不要多，你们留着吃，想吃我可以自己买。"

那段时间，我所工作的海安县城（现江苏省海安市）下了几天雨。一天晚上想家，就打电话回去问那边的天气情况。父亲说："这两天天气也不好，阳台上的核桃有些还没脱皮，晒不干，我就用热锅烘干，想早点给你邮寄过去，因为你答应同事一星期之内吃到我家的核桃，人不能言而无信啊。这两天我一直在关注江苏的天气预报，你们那里的天气也不好，这让我很着急。"父亲的诚信让我很惭愧。

一星期后，我收到了父亲邮寄来的核桃，我数了一下，一共66个。那些核桃有的外壳已被烘得发黑，有的金黄金黄的，非常诱人。撬开核桃，一股幽香扑鼻而来，我心里涩涩的。父母亲把给我邮寄的核桃精确到个数，且以非常吉利的数字邮寄给我，他们没有舍得吃一个。而我呢？竟然以“市场里有的是核桃”的言语来打击父母亲的那份拳拳厚爱。收到核桃后，我当即打电话回去，父亲说邮寄核桃的费用共花去了60块钱，我不由得难过起来，因为我在市场里打听过，一斤核桃10块钱，光邮费就可以买到好几斤。我说：“说了你不听，这哪里划得来啊？你花去的成本足够让我买到很多核桃，支出大于收获啊。”

父亲愣住了，片刻没有说话，挂电话时他说了一句：“这孩子，亲情是不计较成本的啊。”

父亲的话让我十分愧疚。父亲哪里是在给我寄核桃啊？他寄的明明是一份爱！

那些外表坚硬、布满生长褶痕的核桃就像父母亲那历经命运风霜后依然阳光灿烂的脸，让我的眼睛不由得热起来。

那些越过故乡的云，翻过故乡的山，淋过岁月的雨，寄托着父母亲殷殷期待的核桃，轻柔地落在我的掌心，暖暖地进入我浅薄的肠胃时，我蓦然明白：这个世界上有一种爱很平淡，尽管平淡得不计较任何成本，但却在有爱的心窝里，至高无上！

住在书里面

一个人应该有两种意义上的房屋，一种是供肉身所需要的居所，另一种应该是供灵魂自由出入的房屋。我想，书应该是一个人灵魂的房屋。这个房屋不需要豪华的装饰，文字为墙，思想为柱，笔力为锋，章法为刀，文采为花纹，情趣为窗，意境为帘。

住在书里面，我们可以随时享受精神的盛宴。一首耐品的诗就是一瓶上等的好酒，一段优美的文字就是一盘素淡的点心，一段感人的情节就是一篮沁人心脾的瓜菜，一个行走在纸上的人物就是一张生动的脸谱，让我们陪他感伤，陪他幸福，陪他甜蜜，陪他痛苦。

人与人有缘分，而人与书也是有缘分的。套用一句时髦的话："民族的才是世界的。"好书就像那些人缘极好的朋友，无论走到哪里都积聚着超高的人气，让我们情不自禁地仰慕他，接近他。住在书里面，书就成了我们心灵的原野、灵魂的桃花源。平时我们为工作忙，为生活忙，为家庭忙，而当我们关上由这些"忙"所搭建的门，让心灵走进属于自己的原野，肆意散步、奔跑，书页上行行文字不就是错落有致的阡陌？个个迷人的词语不就是原野上尽情绽放的花朵？点点闪光的思想不就是挂在枝头的累累硕果？

书就像从我们日常生活中溅出的一粒火种，落在心灵的木柴上，我们被长久地温暖着，我们接受这温暖的烘烤，不再因为外界的寒冷而对明天失去信心。只要大地上还有一个人因为自己没有书读，或者因为读书少而害羞，那么我们就没有理由不对生活抱以信仰和虔诚。

住在书里面，我们不必为自己的外貌担心，也不必为自己拥有不多的物质财富而寒心，读书是心灵的化妆，是精神的美容。我在电视里一个模特人赛中看到过这样的一段情景，主考官问一位身材、形象、气质极佳的模特："请问埃菲尔铁塔是哪个国家的标志性建筑？"她的回答是："中国，因为我在深圳世界之窗看见过。"台下的观众爆笑。这个过分天真的回答让她的形象大打折扣。很显然，只要稍微读点书，懂得一点点地理常识的人都会脱口而出这个问题的答案。最终她因没有答得出来连一个小学生都能回答上来的问题，综合素质分不过关而被淘汰。

我在想，这样一个外在条件极好的佳丽只懂得给自己的容貌化妆，而不懂得给自己的心灵美容，她不是败在自己容貌的美丽上，而是败在心灵的缺失上，她缺失的是书本的滋润、知识的熏陶、艺术的改造。

如果说物质财富建造的屋子是纸币，那么由书本搭建的屋子则是金币，风吹不走，雨淋不透，岁月漂不白，谁不愿意把纸币兑换成金币收藏起来？

我在想，如果有一天我贫穷得除了书籍一无所有，我情愿枕在书上睡去，不再醒来，如同一条贪婪的蛀虫，深入书的腹部。即便化为灰尘也要将自己落在书上，成为其中的一部分。

住在书里面，手持诗书睡去，头枕智慧醒来。归根到底，这个世界上一切的较量、成功和胜利都是智慧的胜利。历史上曾遭受灭顶之灾的犹太民族就是最好的例证。纳粹的屠刀并没有灭掉这个貌似弱小人数不多的民族，这个民族不仅没有一天天衰落下去，反而强盛起来，享誉世界的诺贝尔奖获得者中有很多人都是犹太人。犹太民族是一个住在书里面，热爱读书的民族。

一个住在书里面的人是幸福的人，一个住在书里面的民族是不可估量的民族。

转念一想

有这样一句话：跌倒了并不可怕，重要的是懂得站起来时手里能够抓到一把沙。

这句话很有意思。跌倒了本来是一种伤痛，可转念一想，手中收获了一把沙，尽管这把沙子细微不起眼，可是积累多了就有可能堆成一座塔。

还有俄国作家契诃夫一段更为精彩的话。这段话大概是这样的：要是火柴在你口袋里燃烧起来，那你应该高兴，而且感谢上苍，多亏你的衣袋不是火药店；要是你的手指被扎了一根刺，那你应当高兴，多亏这根刺不是扎到眼睛里；要是有穷亲戚来找你，那你应当高兴，幸亏来的不是警察；要是你的一颗牙疼，那你应当高兴，幸亏不是满口牙疼。朋友，按照我的劝告去想吧，你的生活就会欢乐无穷了。

生活永远是这样矛盾辩证统一的。

比如我们在晴天里赶往一个旅游景点，到了半途，天突然下雨了，有人会说，真晦气，怎么遇到了鬼天气？让人原本快乐的心情糟糕透了。可如果我们转眼一想：天真热，老天真是照顾人，刚好能够凉快一下。同一种遭遇就会有不同的感受。比如用新米煮饭时，等米煮熟了，却忘了将电源关掉，结果新米煮糊了，锅底结成一层厚厚的焦黄中有点发黑的锅巴，有的人可能会说，怎么这么倒霉？一时的粗心竟然将一锅好好的饭煮成了锅巴，这样太难吃了。转念一想：真好，刚好可以吃到一顿免费的原汁原味的锅巴。

比如刚买了一件新衣服，穿在身上不小心给绷裂了，有人可能会说，质量太差了，没来得及风光就出了问题。如果转念一想：真有意思，这样可以让阳光和肌肤亲密接触了，好好地享受日光浴了。

比如失败，有的人可能把它当作前进路上的绊脚石，有的人可以把它当作奋起的垫脚石。这样的例子太多太多。在同一环境下，同样的心境有截然不同的风景，可以成为一把遮风挡雨的伞，也可以成为一块乌黑的抹布。

是的，我们应该给生活一个假设。假设失败就是成功，假设跌倒就是站起，假设沮丧就是欢愉，假设疼痛就是健康，假设不幸就是幸运……

水声亦作琴声听，黄连可当蜂蜜品。转念一想，我们可以让生活化弊为利，让苦变甜，让恨生爱，让单调变得丰富，让呆板变得活泼。从某种意义上讲，这是一种精神的追求和期待，是一种心境的胜利和收获。

还是以我父亲常挂在嘴边提醒我的一句话结尾：孩子把手握紧，里面什么也没有，转念一想，把手放开将会得到一切。

紫罗兰的宽恕

每一个恋爱中的人都有过这样的感觉：喜欢一个人，时间长了就会有魂不守舍的感觉，总希望每时每刻和他（她）待在一起，如果一天看不到他（她），就有种一日不见如隔三秋的感觉，这种情愫就像埋在心底的种子一样，不管在白天还是夜晚都在不断地抽芽，长长的枝蔓缠绕心间，萌生一路春色。

男孩曾经喜欢过一个女孩，喜欢得每天都能给她写出一首诗、一封信。恋爱中的男孩感觉女孩就是水，自己就是鱼，谁也离不开谁。起初男孩和女孩彼此感觉很好。女孩是南方人，男孩是西部人，时间长了两人性格、心理、文化的差异就暴露出来了，经常为一些不涉及任何原则性的小事情闹不愉快，生闷气。久而久之，他们的感情蒙上了一层阴影，驱之不散，挥之不去。

有一次在商场购物，男孩请女孩为他做参谋买一件衣服。不同的审美观让他们意见产生分歧，男孩喜欢的恰恰是女孩所不喜欢的，女孩喜欢的却是男孩不欣赏的。最终男孩坚持己见，买了自己喜欢的那件，他们闹得很不愉快。回家的路上他们闷闷不乐，谁也不说话。回去后，男孩意识到自己的不是，连夜给女孩写了封信，希望她能宽恕他。

半年后，他们很平静地分手了。分手那天晚上，女孩让男孩到她家，她想和男孩好好聊聊。男孩知道女孩是想给他一次争取和好的机会。在去往女孩家的路上，男孩想，一定要抓住机会，努力赢得爱情成功的机会。那天晚上的风很大，如同男孩的心，空空的，希望女孩能够填充些什么。女孩的家在一楼的庭院里，门开着，等他进门。进门后女孩说："我想了很久，我感觉彼此性格很合不来，我们还是做普通朋友吧。爱情是一场缘分，可遇不可求。”男孩的心很疼，宛如针扎一般，毕竟培养一段感情不是一朝一夕的事，怎好说散就散，万般风情怎一个“分”字了得？

“再给我一次机会吧，请相信，我会珍惜的！”男孩恳求女孩。女孩摇摇头没有说话，眼中有泪缓缓流出。

门外传来自行车被撞倒的声音，求爱心切的男孩这才想起，自己写给女孩的信和为女孩写的发表在一期青年刊物上的诗歌的样刊忘在自行车的车篓里。见女孩没有任何同意的表示，他起身出门准备取回信和样刊交给女孩。他刚出门，门“嘭”的一声关上了。男孩明白了，这段爱情是挽回不了的，他有点不相信女孩竟然如此绝情。心灰意懒的他呆若木鸡，愣在门外，手中的信掉在地上。他心里涩涩的，犹豫不决地想到底敲还是不敲她家的门，想到那冰冷绝情的关门声，最终他举起的手还是放下了，选择了离开。

两年后他在街上遇见了她。他仍然单身，而她已为人母。他问她：“你好吗？那晚你真狠心，怎么我一出去你就把门关上了？”她不无哀怨地说：“是风把门关上的，我以为你会敲门的，可是等了好久你始终没敲。你真笨，我的眼泪就是默许。我想你心里没有我了，不然为什么悄然出门。我出门找你，你已经不见了影子，我的心比你还痛啊。”

“我出门是给你拿遗忘在车里的书信的。”他说。悔恨、遗憾、懊丧、伤心，只觉得喉咙被什么堵得难受，他说不出来自己是什么感觉。她说：“前几天我翻起我们为买衣服闹不愉快后你写给我的一封信，你恳求我宽恕你的过错，难道你忘了自己写的一句话：紫罗兰把它的香气留在了那踩扁了它的脚上，这就是宽恕。而今你我的脚依旧，但爱的香气早已随风飘散，你连敲门的勇气都没有，怎能敲开爱的心扉呢？我又能宽恕什么呢？”

他心里如同打碎了五味瓶，眼眶热热的，有什么东西不易被察觉地闪烁着，无力地捏了捏自己的拳头，怅然道别。

最先死掉的鱼

上小学时，每逢周末，我经常和伙伴们到村里的河畔去网鱼。村子河边有一大片树林，由一老人护守。

记得刚开始，我们在靠近沙滩的浅水处网鱼，那里的鱼小，容易网住。网鱼时我们三人一组，分工很明确。一人赤脚从前方向下赶鱼，两人绷紧方桌大的网一手着地，一手露出水面缓缓向前。这样一前一后，我们就能网到鱼。每次起网，我们网到的全是指头大小的鱼，不知怎的，在水面上我们能清楚地看见大鱼游来游去，起网时却一条都看不见，这让我们很失望。

守林老人一言不发，站在沙滩上抽闷烟看着我们上上下下来来回回忙活着。半天时间过去了，我们没网到几条大鱼，有点垂头丧气。准备收网回家时，老人对我们说："水这么宽，你们东一下西一下漫无目的怎能网到大鱼呢？鱼可比你们聪明。"我们向他请教："那怎样才能网到大鱼呢？"老人笑着说："傻孩子，沙滩上有的是石头，何不用石块在水里筑起一道坝，留一个豁口，在豁口处布网呢？要知道，没有目标的鱼最容易往豁口处游。最先触网的肯定是那些漫无目标随波逐流的鱼。"

我们听从了老人的教导，很快七手八脚地在水里用石块筑起了一道坝。接着我们开始赶鱼，在坝的豁口处布网。收了几次网，不但没有网到多少大鱼，反而网了不少小鱼和水藻。我们不免对老人的指点有点怀疑：是不是老人在戏弄我们这些毛头小孩呢？有人提议：别再浪费时间，回家！

我们起身收起渔具时，老人走了过来，他仔细看了看我们筑的坝说："你们筑的坝太不紧凑了，鱼和人一样都爱钻空子。大石头与大石头之间的空隙那么大，即使有大鱼也早就溜走了，哪还有鱼等你们呢？”

老人的一句话使我们恍然大悟，我们只顾着大目标，却忽略了脚下的小失误。很快，我们又用小石头、卵石、沙子堵塞了坝上的漏洞，重新布网。赶鱼的伙伴从上到下从左到右围成一个漏斗形状把鱼赶向豁口。机灵的大鱼想跳出水面，反应迟钝的鱼看着一条大鱼游向豁口，就纷纷跟着前面的大鱼顺流而下。我们把网绷在豁口，没费吹灰之力，片刻就网了许多大鱼。满载而归的我们感到老人真了不起，对他佩服得五体投地。

现在，我长大了，在求学、工作的道路上遇到了不少弯路和岔口，每当遇到新的挑战和竞争时，我情不自禁地会想起小时候网鱼的那一幕，想起守林老人那语重心长的一句话。

不错，生活中最先触网失败的，肯定是那些没有目标随波逐流或者只顾及远处的大目标而忽略了脚下小“豁口”的人。

最小的敌人

南美洲海洋中有一种很小的鳄鱼，它的外皮很疏松，浑身长满了尖锐的“荆棘”。它对付比自己大几倍的鱼有一套办法。当大鲨鱼把它吞进肚子里以后，它就缩成一个刺球，用身上的刺一边到处乱刺乱撞，一边啃吃鲨鱼肉，鲨鱼虽然很疼痛，可毫无办法，只能听之任之，最后一命呜呼。

这让我想起这样一则寓言故事。老虎自恃森林之王，整天专吃野鸡野兔以及其他一些小动物。有一天，老虎觅食时遇到一只牛虻。“不要在我眼皮下打扰我觅食物，否则我要吃掉你。”老虎生气地说。

“嘻嘻，只要你够得着就来吃呀，我还等不及呢！”牛虻嘲笑老虎，并且趴在老虎身上吸血。老虎恼羞成怒用爪子来抓牛虻，牛虻又飞到虎背上，钻进虎皮中吸血。老虎愤怒至极用钢鞭一样的尾巴驱赶牛虻，牛虻越钻越深，老虎躺在地上打滚，企图压死牛虻。牛虻立刻飞走了，不一会儿引来一大群同伙，群起而攻之，片刻老虎便奄奄一息了。

比起鲨鱼，鳄鱼是渺小的；比起老虎，牛虻更微不足道。生活中我们最大的敌人就是自己不屑一顾的小毛病小缺点。我们之所以被打败，是因为我们轻小重大的思想滋长了这些小毛病小缺点，这才是值得我们警惕的。“小鱼吃大鱼”的方法揭示了这样一个道理：我们的小缺点小毛病就是这样一种小鱼啊，它不是最小的对手而是最大的障碍和敌人，它会以自己独特的方法吞噬我们心中的目标和成功。

第四章

留把钥匙在别处

让我们绝处逢生的往往是不怎么起眼的琐碎事物，它有可能是一根细弱的稻草，但足以在特定条件下成为救命稻草；也有可能是一把如影相随的钥匙，当现实把我们逼向黑暗的死胡同时，让我们打开生命的锁，让黯淡的日子重见天日，让破败的心房蓬荜生辉。

留把钥匙在别处

有个单身的同事不小心把钥匙丢了，一串钥匙都很重要，其中有两把房间的钥匙，两把办公室的钥匙，一把放重要东西的抽屉的钥匙。丢了钥匙后他坐立不安，十分焦虑。远离父母住单身宿舍的他有家不好归。他为自己的粗心大意懊悔不已。

无奈之下，他只好请来了开锁的匠人，撬锁、换锁。

锁换了，有了新的钥匙，他进门找备用钥匙没找到。

一段时间后，他在办公室的抽屉里查阅一份文件时无意中发现了自己的备用钥匙，他才想起来当初为了防止丢钥匙，他特意把门上的两把钥匙放在了办公室。毕竟同事有了办公室的钥匙，他就可以用同事的钥匙到办公室找回备用钥匙应急，遗憾的是他遗忘了。

他说平时不怎么在意的东西，到了关键时刻却显得无比重要，看来生活中没有什么不重要的人和事。

想想也是，我们平时只向上看，忽略了脚下细小的事物，只顾走前面的路，忽略了给自己留一条小小的后路，等到自己吃了亏方才感到后路的重要，但等到真正明白时已经晚了。就好比身上的钥匙，大部分时间与我们如影相随，但我们不能保证钥匙能每时每刻每分每秒都能让我们平安顺利抵达家中。

有时我们格外小心自己的某个习惯，总认为那种谨慎的习惯能给自己带来方便，我们太多的时候依赖了这种习惯，就会放松自己对不测境遇的警惕和防备，到头来就是那些个性习惯让自己深受其害。

没有什么不重要，没有什么最重要，有时不重要的往往最重要，最重要的恰恰不重要。留一把钥匙在别处，也就是留一条退路给自己。让我们绝处逢生的往往是不怎么起眼的琐碎事物，它有可能是一根细弱的稻草，但足以在特定条件下成为救命稻草；也有可能是一把如影相随的钥匙，当现实把我们逼向黑暗的死胡同时，让我们打开生命的锁，让黯淡的日子重见天日，让破败的心房蓬荜生辉。

读书的女人最美丽

我认识一位女文友，五年来我们一直保持着书信往来，基本上每个月都能写一封信，交流彼此的工作生活烦恼和读书写作情况。那时我在西安上大学，在一期中学生刊物上发表了一首诗后收到了大量的读者来信，我独给她回了信，原因是她在信中评论我的诗非常到位，我写作那首诗的心境与她的评论不谋而合。后来我从西安到江苏南通工作，与她工作的镇江市只有一百多千米的路程。

我深知在这个网络日益发达的时代，那种见光死的网恋故事我听得多了。我们一直以书信的方式保持联系，信中从不涉及见面之类的话题。每当读到好书或者发表新作，我就会及时推荐并邮寄给她。她已经成家，有一个上幼儿园大班的小孩，但婚姻和家庭的琐事并没有使她放弃读书写作的梦想，她也经常向我推荐看到的好书。真的，在这个为物质而忙碌的沸腾时代，很少有人能静下心来读书写作，尤其是女性。她对读书写作的执着让我很感动，我想她肯定很美丽，她说她长得肥肥胖胖，很吓人的。我无意去见面考证她外表的美丽与否，但在我心目中她是美丽的。每次通信我们聊得很投机。尽管五年来我们没有见过面，但见字如见人，我们认识了好多年似的，有时觉得就是一对孪生兄弟。

有一次我们在信中讨论关于读书和美丽的问题。我问她：“什么样的女人最美丽？”答曰：“读书的女人最美丽！”这着实让我吃了一惊。的确，如今时尚风行，大多数女人以时尚的服饰、化妆品、美容、整容、减肥等手段同时间这个敌人战斗捍卫青春和美丽时，以读书和写作让自己美丽，这种精神犹如未被污染的雪莲花，弥足珍贵。看惯了靠时尚包装起来的女人，见多了以美容品小心翼翼保养的美丽，我们真的无法动心，而当遇到一个靠读书滋润青春创造美丽的女性，眼睛会不由得为之一亮，这种源自心灵的美丽清新得有如一块天天被海水濯洗的晶莹剔透的碧玉。

作家林清玄说过：“三流的化妆是脸上的化妆；二流的化妆是改变体质，睡眠充足，注意营养与运动，使皮肤改善，精力充沛，比脸上的化妆有效得多；一流的化妆是改变气质，多读书，多欣赏艺术，多思考，对生活乐观，显示出生命的高雅。”我想尽管我的那位文友外表不美丽，但她洞明化妆之道。读书养颜，艺术润心，她的化妆是生命的化妆，是一流的化妆。

时尚和美丽是一个变数，而人的生命作为美丽的载体，在引领时尚的同时不可避免地要落后于时尚。生命会老去，而时间会吗？当然不会！外在的化妆尽管耀眼美丽，但终究会被时间所抹杀，是短暂的，留不住的。而心灵的化妆却是生命的化妆，是持久的一流的美丽！

回到故乡的泥土

故乡的泥土如同一块母亲给我们最初的也是永远的胎记。童年时，感觉故乡的泥土是一截没有被污染尚未咀嚼的甘蔗，现在成人，远离了故乡，最想拥有和怀念的莫过于那份泥土所渗透的甜美、纯真和干净。文字是水，而我则是浸淫其中的一只青蛙，在寂寞的夜晚，躲在城市的屋檐下，以乡愁为指南针，搜寻着一方可以供我自由自在倾心的泥土，以自己并不被城市的钢筋水泥所认可的喉咙，为故乡的泥土倾吐感恩的表达。

我一直认为我们的体内有一层层深厚的泥土，泥土中蕴藏着黝黑的煤、金色的铜或者白色的银，甚至一截断掉的生锈的锹或者犁铧。我们在城市里装模作样地讴歌生活，许多厚实的泥土在我们浅薄的嘴唇下面被忽略、遗忘。我们迫切需要做的是，忘掉城市的热闹和繁华，像个心存希望和祈祷的矿工一样，找准灵魂的穴位，在这层泥土中准确无误地打一个洞，深入其中，挖掘、挖掘、再挖掘。同时我也固执单纯地认为，我们心中有一轮从尘世间逃逸的月亮，我们作为直立行走的猴子，聪明的猴子，应该紧密团结在故乡的泥土之上，牵手在月亮的光辉下面，把她从落难的井中打捞出来，去呵护她、欣赏她，认真地爱恋她。

童年时，故乡的泥土于我们而言是一个质地柔软干净美丽的床，我们肆意铺展自己向日葵一般金黄的梦想，舒展豆芽一样稚嫩清新的某个姿态。现在，离开故乡八年了，故乡的泥土给予我的就是怀念和寂寞。我常常在异乡的屋檐下，被无边黑夜包围，把寂寞和怀念泡成一杯茶，泡了一遍又一遍，贪婪地、刻骨地畅饮。

昏黄时分，走在回家的路上，看到夕阳把远方的天空染成一张饱经风霜的老妪的脸，就莫名地想起马致远的那首名垂千古的散曲："枯藤老树昏鸦，小桥流水人家，古道西风瘦马。夕阳西下，断肠人在天涯。"尽管童年时的小桥流水人家已经被高楼大厦替代，古道西风已被哈韩哈日之时尚风抹杀，那些衣着光鲜时尚的人手握手机，在信息高速公路上把天涯变成咫尺，他们早已不知道"断肠人在天涯"是何种惆怅和寂寞了。而血色夕阳如同一把剪刀，早已把我的乡愁剪得愁肠寸断。

我知道物质决定意识，乡愁只是这个哲学之巢上飞出来的一只候鸟，尽管远处的故乡是一个客观存在，但这只候鸟纵然有千万只翅膀也无法将我从他乡的街道驮回那方桃李芬芳、芳草碧连天的泥土。即便有万般情怀，更与何人诉说？唯有从汉字这无比宽广深邃的森林里，以思念为刀，砍下一些枝枝节节，燃起一堆篝火，用文字的力量在寒冷孤独的夜晚温暖自己孤单的心灵，照亮自己所处的偏远角落。

故乡的泥土不再是一个凝固的高台垒土，也不再是一弯曲曲折折的流动河流，更不是一个地域和文化符号，而是流动的、每思念一次就长出一簇芳草的河流山川，一种无比苍茫遥远辽阔的心境。

有时我在想，我们活在尘世间，如同一个远离故土到远方取经的僧人，我们所抱持的追求和信仰，让我们的手脚总想在远方的一棵树上采摘到些什么，尽管我们走了很多路，拐了很多弯，遭了很多难，但走来走去，我们还是走不出故乡这个至高无上的如来佛的掌心。无论我们是否取到了真经，是否行囊鼓鼓回到最初的地方，故乡的泥土总会给我们张开她宽厚柔软的手掌，将我们紧紧围拢在掌心中央，永远地温暖我们的心灵。我们走的不是一条路，我们所追求的也不是一种经典，而是一种心情，这种心情伴随我们一生，那就是总有一天要回到故乡的泥土。

月亮在白天隐退了，但她总会举起银杯回到黑夜的心脏，给故乡的泥土洒上爱的圣水；太阳在夜晚沉默着，但他总会举起金杯站到黎明的台阶，给那些回到故乡的人披上爱的光辉，让他们记住回家的路，无论多远，只要脚下有了泥土的支撑，即便最远的路也是通往爱的院落的最近牵挂。

乡村是城市的母亲，故乡的泥土是我永远的产床。从乡村到城市，几千年不算久；从青海到江苏，四千里不算长，只要我把梦的根系扎进故乡的泥土，即便我置身于高大的楼群，故乡的泥土永远在其之上，成为一种海拔，一种信仰。

经常不到三天或者一星期，我就和父母亲要通一次长途电话，短则十几分钟，长则一个小时，除了聊一些家长里短，不务农的我与曾经务农的父亲聊得最多的还是村庄里的事情，泥土上的事情。如果说家长里短是一根旗杆，那么泥土上的事情就是一面高高飘扬的旗帜，旗帜的光辉荣耀就是我们的光辉荣耀，旗帜的风霜雪雨就是我们的风霜雪雨。于我而言，最亲近的父亲就是泥土的代言人，他最了解故乡也最深入泥土，而我仅仅是被命运放逐到远方的一匹马，归根到底要识途，回到故乡的泥土。

月亮是村庄上空最美丽恬静忧伤的新娘，故乡的泥土是她最放心踏实安稳的花轿，而我就是那个背着青春的干粮远走西口的阿哥。总有一天我会回到家，回到故乡的泥土，让那个小小新娘看看哥哥是否变了模样，看看哥哥回家的泪水是否和当初一样滚烫，看看哥哥青春的胸膛是否和当初一样宽广。

为名忙，为利忙，当我们在生活的大网里迷茫之时，看看手中的地图，然后问问自己：有没有一方土，让你不再忧伤？有没有一扇门，让你无法遗忘？有没有一些人，让你终生难忘？

回到故乡的泥土，回到幸福的发源地。

麻烦带来的商机

在餐馆里，人们点菜时大多根据自己的口味和需求，至于吃的菜有什么营养，有何禁忌？往往一无所知。有一次和朋友到一家比较高档的酒店吃饭，我们点了几道平时自己喜欢吃也都适合我们口味的菜。酒酣耳热之际，朋友突然向老板耍牢骚：“我们吃你的饭菜就应该有知情权。酒店的菜除了标明价格外，能否附上菜肴中的原料、热量、各种营养成分？”老板听了朋友的牢骚后感到很吃惊，他说：“平时没有人提这样的要求，而且吃得很合胃口，乘兴而来，满意而去，都说我店里的饭菜有特色。是不是今天我们的菜烧得不好？如果不好我们以后改正，希望你们多多谅解。”朋友的牢骚被老板诚恳的话语打消了。

我们边吃边聊天。为了表示自己的诚恳，老板走了过来向我们敬酒打招呼。朋友说：“不是我今天给你找麻烦，经常吃自己点的菜，有时候也不一定吃得很科学很有营养。我建议你今后给客人上菜时，附上每道菜的营养成分，以及根据年龄特征确定哪些菜适宜哪些人食用，哪些菜不适宜哪些人食用等信息。这样一来，客人有了知情权，从自己健康和营养的角度出发合理点菜，既不浪费又吃得开心，一举多得。我想这样会吸引许多回头客。这既是一种对客人的尊重，又给自己带来了商机。”

老板深受启发，他说：“你今天给我找的麻烦给我提供了商机。今后我会按你所提的要求努力去尝试，欢迎你们以后常来。”

过了一段时间，每次经过那家酒店时我发现，酒店门庭若市，前来就餐的客人络绎不绝。老板的生意越做越大，兼并了市区的许多酒店，开了不少连锁店，成为市区餐饮业的“航母”。

生活中有的机遇不仅仅藏在他人带给我们的赞扬和激励中，有时候他人和世事制造的麻烦也蕴藏着成功的机遇，关键是要有一双善于捕捉的眼睛和一颗善于发现和化解麻烦的心灵。

不要怕麻烦，麻烦也是一种成功！

能够想起你的人

那天晚上我正在看书，突然手机响了，一看区号，是长途，有点陌生。

以前我多次接到过陌生人打错的长途电话，为此付出了不少的话费。我犹豫不决，到底接还是不接？是不是又是一个打错的电话？要不就是一位失散多年的老朋友老同学？说不定就是老同学找我有事呢！我这样想着就接通了电话。声音很陌生，对方报出姓名，是一位大学里通过书信认识的笔友。我感到奇怪的是他怎么变成了女性？

上大学时，我在一期学生刊物上发表了一首诗。那期刊物登出了我的通讯地址后，我收到了全国各地许多读者的来信，大多数是女孩。受精力和财力的限制，我只给一个评论我的诗非常到位的男孩回了一封信，这位上中专卫校的笔友对我那首诗的评论简直和我写那首诗时的心态一模一样。他的字写得刚劲有力潇洒飘逸，给我留下了很深的印象。就冲这一点，我给他回了信。此后，我们经常在信中谈论校园生活和文学，但始终不提送照片、见面之类的话题。那样显得很俗，也容易冲淡因距离而产生的美。

毕业前夕，我告诉了他我今后工作单位的地址。毕业后我从外省到江苏南通工作，恰好那位笔友就在江苏镇江。我想联系他，但他也毕业了不知去向。大约参加工作一年后，我收到了来自镇江的一封信，惊喜的是，信是那位久违的笔友写来的。信中他说，前些天我在上海的一家杂志社发行的杂志上看到了你的一首诗，杂志社在你的名字前面加了“江苏南通”四个字，我估计就是你，就冒昧给你写信，如确认是你，那真是太幸运了。

就这样我们重新联系上了。此后的日子里，我们书来信往，交流工作得失、人生感受。在信中，我们虽然留了电话但不知为何，谁都没有主动打电话给对方，只用文字维系着那份因相同的爱好建立起来的友谊和美丽。

电话中那位笔友说：“给你说实话吧，你上大学时我只是一名中专生，而且学校的名气和你们学校相比简直是天上地下。我很自卑，我怕当初以一个女孩的身份写信你会嫌我幼稚不给我回信，闲暇之余我就苦练书法，把字写得硬朗一些，以一个男孩的身份试着给你写信。信发出以后我没有多大把握，欣慰的是你竟然回信了，我就一错到底。此后一直用男孩的语调和你交流，得到了你不少写作上的帮助，我因此开朗自信了许多。谢谢你给予我的鼓励和帮助，衷心地希望你原谅我隐瞒了真实的性别。今天晚上给你打电话没有别的事，刚才我在看电视，电视里一位市长受了上级的批评心情不好，他把气全撒在了前来给他汇报工作、和他意见不一致的秘书身上。那个秘书是无辜的。这个镜头让我突然想起了同样是秘书的你。我为此心里很不安，不知你是否经常受领导的气和批评，不免对未曾谋面的你有些牵挂和担心。今天打电话就是想了解你的境况。如遇到不顺心的事，希望你想开一些，忍一忍一切就过去了。有个好心情对每个人而言都很重要，衷心祝愿你天天天蓝，时时云白……”

一股暖流迅速传遍了我的全身，有如触电一般。

能够想起你的不一定就是和你朝夕相伴的亲人，情同手足的朋友，也许他（她）就是和你未曾谋面或者只有一面之交被你在世俗的生活中淡忘的老朋旧友、陌生人。当你为工作、为生活、为事业、为家庭忙碌时，说不定有一颗至诚至纯的心在远方、在你背后默默挂念着你，你是幸福的，这就够了。纯真干净的缘分就是一种润物细无声的春风夜雨啊，你不一定能时刻感受到，但它确实就在你周围细细密密、无处不在，滋润着你在世俗生活中渐渐生起老茧的心。

生活在别处

每个周末，我都会抽出一个下午的时间到县城图书馆坐上半天。我习惯于这种因为孤独而让自己以图书馆为心灵巢穴的生活状态。

在这个喧闹的下午，因为将自己交给图书馆里静虚的时光，心就多了一份重量。没有车水马龙的喧嚣，没有你来我往的应酬，没有工资待遇起落的担忧，耳朵属于自己，眼睛属于自己，心更属于自己。贪婪的眼睛就是不知疲倦的播种机，在薄厚不一的书页上播种、耕耘。清静的耳朵就是接纳文字世界里风声雨声松涛声的悠悠山谷。而身体也长上翅膀，在汉字与汉字之间，页码与页码之间自由飞翔。

眼睛忙碌着，耳朵清静着，手指翻动着，心就成了一个秋后沉甸甸的箩筐，装满了那些芳香弥漫的果实。

我知道，很多时候，一个人的世界很大，许多人的世界很小。我们需要的是借信仰之光生活在别处的勇气和力量。

我曾经和图书馆里的管理员有过这样一次对话。我说："真羡慕你们，生活在书的世界，想看多少就看多少，幸福死了。"正在网上聊天的她说："我怎么没感觉到呢？习惯了这种职业环境，看见一本书就像看见一块烂砖头，没什么两样，且图书馆是清水衙门，工作无聊、工资待遇低。我才羡慕你们，工作轻松，待遇又不错。"

我苦笑，为那些浩瀚的书卷悲哀。这是一种生活的矛盾。生活在此处的我们羡慕生活在别处的他们，因为此处的我们被模式化的环境和工作节奏束缚着，心早已老去，身躯仅仅是一个单纯的服劳役者，眼睛也麻木长出老茧，至于此处的那些宛如隐藏在树叶下的花朵早被我们忽略，一天天枯去。身躯在此处，心却生活在别处。

只看所有的不看没有的，或者只看没有的不看所有的，这是现代人的悲哀。

也许生活是一个笼子，太多的牵绊挡住了让灵魂飞翔的翅膀。一个纯粹的心灵，从本质上说是不安分的，它需要很大世界。可是，我们有太多的牵绊，过多的顾忌，生活就多了烦恼。

泰戈尔说过："如果鸟的翅膀绑上了金子，那么它肯定飞不高。"哲学家帕斯卡说过："人是一个被废黜的国王，否则不会因为自己失去了王位而悲哀了。"博尔赫斯还说过："我是他的老护士，他逼我为他洗脚。"我们在生活中花费太多的精力来伺候肉体，喂他、洗他，给他穿衣、铺床。我们在乎的是此处的属于肉体的"王位"，而不是别处的王国，于是内心的王国被忽视乃至一天天荒芜。

金子、物质、王位像绳索和鸟笼，在现实的天地里困扰着我们，而心多么像一个离家出走的孩子，总想偷偷溜出去看一看外边的世界，尽管这是一种冒险，但我认为生活在别处的乐趣远远大于此处的拥有和给予。

生活在此处，只能适应不能改变的；生活在别处，改变可以改变的，人生又多了一份价值和意义。

在这个炎热的夏日的夜晚，尽管胸无大志，但静静地写下这篇文章，我感觉周身都长满了羽毛，心早已飞得很远很远，在别处找寻到平常忙于伺候肉身而很难看到的清风明月，桌上一杯早被喝得褪了色味的茶，就有了另一种滋味。

生活在别处，让信仰穿透现实的壁垒，破窗而出，谁不说一滴水就是一片浩瀚的海洋，一片叶子就是春秋轮回的万千滋味呢？

提前敲响的下课铃

初三那年，有个教我们物理的老师身体不好，经常生胃病，每次生病她都强忍着病痛坚持上课，从不请假，也不让别的老师代课。

物理老师课时很多，一天要上四节课，一天下来，很辛苦的。她讲课的时候胃病常常发作，疼得她直不起身体来。坐在前排的同学能清楚地看见她额头上渗出层层细细的冷汗。老师弯着腰，轻轻书写板书。边写边转过身教我们一些深奥的物理概念。她蜡黄的脸色让我们看得很揪心。

许多同学不约而同举手请老师停课休息一会儿，我们自学。她总是微笑着说："没事的，疼成了习惯就不疼了，忍一会儿就会好的。你们的功课要紧。"第二天上课的时候，讲台上多了治胃病的药和冒着热气的开水。老师欣慰地说："同学们，谢谢你们的爱心，但老师更希望你们能考出好成绩，这比治好胃病更让我高兴。”课堂上，我们像向日葵一样在接受老师给予的阳光温暖的同时，心里也默默为老师捏一把汗，我们担心她的胃病复发。

那时学校里经常停电，停电的时候学校派值班的老师敲打挂在校园角落里的一截钢轨。下课铃有时敲得很准点，有时常常到了下课时间还没有敲响，这让贪玩的同学们十分急躁。

我记得当时班上的同学全部来自附近的农村，条件很艰苦，没有人拥有属于自己的手表，我们只能按照惯例推测下课的时间。有一天学校停电，物理课上到了一大半，老师的胃病又犯了，她装作若无其事的样子继续讲解，细心的同学早已从她痛苦的表情中看出了她的难过，我们让老师吃点药喝口热水再讲课，被她温情地谢绝了。一个坐在前排的同学忽然举手请示说要去上厕所，老师同意了，并提醒他快去快回别耽误了听课。

过了一会儿，寂静的校园里传来“当！当！当！”的急促的敲铃声。老师刚宣布完“下课”就倒在讲台上，同学们赶紧围住老师，七手八脚地扶起老师，有的给她拿药，有的给她灌水，有的匆匆跑到学校医务室去叫校医。很快校医来了，在几个老师的帮助下我们把物理老师抬到医务室。

奇怪的是整个校园里只有为数不多的几个班下了课，其他的班级还在继续上课。我们班的同学很不满地议论那些拖堂的老师怎么还不下课。就在我们议论的时候，在校园里巡视老师们上课情况的校长走进来问我们：“谁叫你们下课的？还没有下课啊，你们怎么提前下课了？”我们说：“下课铃早就敲过了怎么没下课啊？”校长仔细看看手表说：“还差十五分钟呢，赶快找来老师上课吧。”我们抢着答道：“我们老师病倒在讲台上被送到医务室了。”“你们赶快自习，我去看看。”

十五分钟后，下课铃正式敲响，校长宣布我们班的物理老师胃出血早被送到了县医院。他下令全校师生迅速集合，清查是哪个捣蛋的学生恶作剧提前敲响下课铃，并严肃声明按照校规给予严重警告处分。校长刚宣布完决定，我们班的一个平时很调皮的学生主动站出来，当着全校师生的面承认是他敲的。校长严肃地质问：“你为什么提前敲响下课铃？是不是贪玩想早点下课？”

那个同学低着头不安地揪着衣角，怯怯地说：“我们老师胃疼得坚持不下去了，如果不提前下课，她的胃会更疼的。”整个会场鸦雀无声，校长很无力地做了一个手势，他宣布说：“散会！”我们看见他转过身，在眼角擦着什么。

后来，我们在从县医院回来的校医那里听说，物理老师的胃大面积出血，如果再晚点下课恐怕连命都保不住了。我们拉着那个同学的手，胸口似乎被什么堵住了，心里格外地湿润。

我只拍背影

单位组织我们到郊区的监狱里参加警示教育。随同我们去的还有一家媒体单位的摄影记者，他曾在国内的摄影大赛中获过不少奖项。

在监狱的会议室里，监狱宣传部门安排了几名曾经位居处级、在位时因为贪污受贿腐败而锒铛入狱的服刑人员给我们现身说法。

他们站在讲台上神情凝重地给我们念忏悔书，介绍自己从权倾一时的干部沦为今天的服刑罪犯的原因和经过。

给我们做介绍的几个改造者的忏悔书写得十分深刻、感人，他们后悔不已地说自己对不起党和人民，对不起家庭。念到动情处，几乎要掉泪，让台下的我们心情沉重而又感动。

我注意到那个随行的记者和监狱里负责宣传的干部摄影时有所不同。监狱里的干部将摄像机和照相机的镜头直直地从正面对准念悔过书的改造者，而随行的记者却多次从不同角度将镜头对准改造者的背后拍摄，从不正面拍摄。我感到纳闷：这就是大报记者摄影的水平吗？他拍的照片能让读者看清楚吗？能起到警示的作用吗？

休息的时候，我问那个摄影记者："你怎么不从正面拍摄呢？"他说："不知你注意听了没有，当那些服刑改造者念到自己犯罪后许多亲朋好友远离他以他为耻，他们对不起年迈的父母、妻子、孩子时，眼里几乎要掉泪了。如果从正面拍，警示的效果肯定会很好。可如果照片发出来让他们的亲戚家人看见了该有多伤心难过啊。我从后面拍摄一方面为了维护他的尊严，一方面为他的家人着想，所以我只从后面拍摄，那样效果反而会好些。金无足赤人无完人，没有不犯错误的人啊！"

我佩服于他的细心和高明。

温情的呵护尊重远远胜于尖刻的说教和点拨。好比一枚透明的琥珀里包裹着一段沧桑厚重的历史，好比一根麦芒上闪烁着丰收的阳光，好比在无人注目的地方一孔幽深的泉眼里流淌着一股清澈的泉水。如果我们用狭隘、自我、冷酷的肉眼给它们蒙上一层阴霾，那么再耀眼的琥珀也会变成一枚丑石，再饱满的麦子也无异于一棵杂草，再清澈的泉水也会变成一潭恶臭的死水。

如果因为一念之差而失足、挡住阳光照射在自己身上的朋友与你擦肩而过时，请你从背后注视他，用你的信任给他温情的搀扶，用你的尊重在他跌倒的地方给他垒起自信自省的台阶，这是世上最具生命力的站起。

他，肯定能够感觉到。

细节的力量

有位编辑朋友给我讲过这样一个故事。

有一天他收到了几十份稿件，大部分作者信封上的字体龙飞凤舞，很难辨认，加上他的眼睛高度近视，潦草的笔迹给他带来了不少麻烦。那天在众多的来稿中，让他眼睛一亮的是，有一位作者字写得一笔一画工工整整，看起来很舒服。他拆开信后阅了来稿，稿件立意颇新但需要进一步修改润色。该作者为了省邮资将七八页打印稿剪得只剩下有字的那部分，多余的空间全被他剪去了。编辑朋友出于责任，本想给他好好修改润色一下，可是有限的空间让他无从下笔。

那位作者说他女朋友非常爱看这本杂志，两人由于误会而面临分手。女朋友提出只要他能在这本半月刊杂志上发表文章就可以原谅他的过错，并且加了期限，如一个月内见不到他的文章就分手。

令人遗憾的是，那位作者为了省一张八角钱的邮票，裁去了文章多余的空间，糟糕的是他连通信地址也全部裁掉了。编辑朋友想回信化解他们之间的误会，可是信封上他只写了“内详”二字。按理来说那篇文章修改一下发表不成问题。就在那位编辑朋友准备想办法修改该作者的来稿时，他突然接到采访通知，要到外地出差一个多月。就这样，那篇原本可以发表的文章就因一张八角钱的邮票而未能发表，那段原本可以挽救的爱情就因这微不足道的细节而告终。讲完后编辑朋友说：“如果他注意一下细节，结局就大不一样。”

这让我想起了我的一位朋友的经历。大学本科毕业的他，跳槽一家自来水公司去应聘节水办主任的职务。应聘时，和他同去的许多人对公司楼下哗哗流下的水视而不见，求职心切的他们只顾上楼应聘，无人注意那小小的水龙头。结果公布后他们全傻眼了，公司只录用了一个只有中专文化的水电技术员，理由是：在众多的应聘者中只有他关掉了那个水龙头。公司主管人事的经理说：“连只需轻轻拧一下水龙头的细节责任心都不具备，即使拥有再高的学历又有何用呢？”

生活中的细节往往蕴藏着许多相遇和希望，它有可能毁了一个人，也有可能成全一个人。不积跬步无以致千里，不积小流无以成江海，这就是细节的力量。

一点点闲适

闲适和懒惰有着本质的区别。闲适是人生的减法。闲适不是消极的倦怠，而是积极的隐退，是另一种进取啊。人生不如意十之八九，闲适是对这不如意的淡化和释放。烦恼少了，快乐多了。痛苦轻了，幸福重了。仇恨去了，友爱来了。忙碌远了，轻松近了。而懒惰则是除法，它将我们的毅力、信念、进取心和生命中一些积极的因素慢慢地化整为零，尽管它也能给我们短暂的“享受”，实际上它就像有害细菌一样慢慢吞噬我们的人生。

身在人群中，心存星空间。我需要一点点闲适，一个很小的角落。我们终日忙忙碌碌疲惫的心灵需要安静地放松，尽管直观起来，忙碌使我们充实而又愉快，当我们舍不得闲适时，实际上在给自己加重负担。

就像一粒做布朗运动（无规则运动）的尘埃，最终要有一个安静的角落安放它漂泊的灵魂，抵达命运的暖房。我们忙于在尘世中追逐身外之物，忽略了生命本身在动态中也需要一点点静态的闲适。在眼花缭乱的身外之物中，有多少是我们真正需要的呢？

在这个沸腾的时代，我们如同一个贫穷的孩子，一点点原本可以触手可及的闲适显得那么奢侈。让心灵终日劳役的我们哪里懂得闲适是生命赏赐我们的礼物呢？

诚然，活着就要经营生命，经营自己的追求。从生理角度说，生命本身就是一个机体，好比一台高速运转的机器，它也需要适当的停顿和诸如油料、大气和水这样的动力源。一味追求而忘记给自己一点点闲适，我们岂能负载更多的世俗的担子？闲适就是这样的一种动力源啊。

生活没有了闲适，好比机器少了油电，怎能会有更多的产出和效益呢？只有懂得享受并调节闲适才能缓解外界给我们的压力，这样我们就能以自己微小的投入产出更多的欢乐幸福。相比于闲适，对于生活中遇到的诸多挫折、失败、困境等不幸，拿得起是一种从容和自信，放得下是一种闲适和回报。身上的担子重了，因为懂得调节创造闲适，心中的担子便轻了，一切的不幸遭遇如同过眼云烟。

并不是人人都能并且都会闲适。能够闲适是一种幸运，懂得闲适是一种艺术。它需要一颗澄明与世无争的心。“爱出者爱返，福往者福来！”许多失意和不快不都是在苛求得到时萌生的吗？你去做那闲适的施爱者，把对别人需要的苛求变为自己被需要的希望，一切福祉就会因你闲适的心灵降临。

闲看庭前花开花落，静观远处潮起潮落。闲适，实在是人生的一种达观和境界。从繁重的心灵苦役中把自己解放出来，一点点闲适就是一点点雨后的彩虹，一点点乌云背后的阳光，一盘盘素淡的人生点心。

幸福是个哑巴，需要提醒

有段时间，到外地出差将近一个月。衣食住行都被单位安排得好好的，每天工作不忙不闲，过得很充实。炎炎夏日，办完事后回到宾馆，看看书、听听歌、吹吹空调、洗洗热水澡，倒也惬意。

周末打电话到很远很远的老家，父亲从居住的城里赶回老家帮哥哥收麦子，他说这几天乡亲们挖蒜、割麦、翻地，几乎忙得连擦汗的时间都没有，每晚基本上到十点多才吃饭，吃完饭累得倒在床上一下子就能睡着。

我说：“你们苦死了，该歇歇了。”父亲笑着说：“幸福都来不及了，还苦什么苦？”我感到父亲的话很矛盾，一会儿说很苦，一会儿又说幸福都来不及了。我问："你不是说很累吗？怎么又说幸福都来不及呢？"

"难道身体累就不幸福？你不知道今年村里的大蒜卖出了历史最好价格，家家户户都卖了好几千，种蒜多的人家卖了将近两万元，风调雨顺，辛苦的汗水得到了回报能不幸福吗？你吃住在宾馆，没有风吹日晒，也应该很幸福了。"父亲说得很坦然，我能感觉得到在西北老家的他内心的喜悦在脸上早已开成了花。

听了父亲的话，我愣住了。我问自己：我幸福吗？我并不感到自己幸福啊，这是很正常的啊。我调皮地和父亲开玩笑："习惯了，有什么好感到幸福的？我和你换一下，你来写材料，我去种田，看看谁幸福？"父亲责怪我："这孩子，身在福中不知福，如果我是你，睡梦中都能笑醒来，你该知足珍惜啊！"

挂电话时，父亲一再提醒我珍惜自己的工作岗位，末了，只有初中文化的他竟然给我说了一句让我出乎意料的话："孩子，一定一定要珍惜，幸福是个哑巴，需要经常提醒自己。"

"幸福是个哑巴，需要经常提醒。"一语惊心，醍醐灌顶。父亲的这句泥土地上感悟出来的幸福观，如同划过漫漫长夜的一道闪电，惊醒了我麻木失聪的耳朵；又像走过长长荒漠后在前方突然冒出的一股清泉，滋心润肺。

真的，以感激的心去珍惜，以虔诚的声音去提醒，其实幸福并不是哑巴，只是我们的麻木习惯充填了它的耳洞，让它落满灰尘和污垢，让噪音和纷扰流进了它的耳膜，它听不到感恩的回响，纯净动人的音符，以至于没有任何感恩的回馈，我们当然感觉不到幸福的存在。

朋友，请你，请你，开启你生硬冰冷的唇齿，提醒幸福，它会开口轻声地说：珍惜就是幸福，感恩就是幸福，流着汗的微笑就是幸福。

一张纸片怎样飞得更远？

每当我因生活的无常而感到烦恼时，总有一些细小的往事像浪花一样，翻腾在记忆的深处。

小时候我经常跟大人们下地干活，说是干活，实际上是干一些端茶送水的小事。记得有一年夏天的一个下午，我跟着父母亲到地里割麦。出门前天气特别好，晴空万里，天空如同一块无瑕的翡翠。父母亲在前面割麦，我在后面捡拾撒落的麦穗。父母亲像舵手一样有力地挥动镰刀，在金色的麦浪中一波一波向前割去，把贪玩的我远远地抛在后面。大约两个钟头，突然西边的天空乌云滚滚，翻卷而来，看样子一场大雨即将来临。果然，不一会儿，倾盆大雨狂泻而下。我们躲在人字形的麦捆中间避雨，然而雨越下越大，没有任何停止的迹象。出门前，母亲在院子里晒了一些粮食，如不及时收进去将会被雨水冲走。父亲让我赶快回家收粮食，他和母亲等雷雨过后将麦捆排好后再回来。

我家的地边有条河，河上面有一座窄窄的独木桥。过独木桥的时候河里的水位直线上升，快要挨着桥了。我匆忙过了河，独木桥就被河水冲走了。回头一望河水越涨越高，看来一时半会儿不会降下来。糟糕的是，父母亲被困在河对岸无法过来，除非一直沿河岸走到很远的邻村的那座桥才能过来，更为糟糕的是，门上的钥匙在我身上，如果不给他们，我出去后他们进不了家门。我有点焦急地对对岸的父亲喊道："钥匙在我身上怎么办？"父亲说："扔过来！"我扯着嗓门大喊："河面太宽了，我扔不过去！"我着急的时候父亲却一点不急，他说："想想办法！"似乎有意在考验我。

我有点犯难，轻轻的几把钥匙怎样才能扔到对岸？直接扔过去必定会沉入河里，不扔父母亲进不了家门。也许父亲在对岸猜出了我的心思，他大声说道："掏空装午饭的塑料袋，装上石块让钥匙负重，使劲扔不就扔过来了吗？"很快我装了一块石头，把钥匙装进塑料袋，扬动手臂狠狠扔了过去，钥匙稳稳地落在了父亲前面。回家的路上我一直在琢磨父亲的那句话："装上石块让钥匙负重不就扔过来了吗？"到了家里我始终不明白轻轻的钥匙加上石块何以飞得那么远，平时薄薄的一片塑料，风一吹就能飞得很远，可有了雨就飞不起来了，我感到很奇怪，觉得里面有什么奇妙的道理。

现在，我在人生的道路上走了不少弯路，我就会想起那个夏日的午后扔钥匙的故事。

我终于明白了当时在大人们眼里看来很简单的道理，为何在我看来很复杂。当为自己的追求和理想无法抵达成功的彼岸而苦恼、空虚时，我常常提醒自己：多给自己加一些"大石块"，或许那样实现目标的可能性大一些。

意外的成功

美国女人玛丽·菲尔普斯·雅各布是第一位获得胸罩专利和成批缝制胸罩的女人。她是美国珠宝商兼艺术大师、机械工程师罗伯特·富尔顿的后代。

有一次，玛丽·菲尔普斯·雅各布和她的一位仆人参加上流社会的一个晚宴，宴会结束后她们开始跳舞。跳舞跳热了，她感到穿束衣跳舞实在不舒服。她随手把两块餐巾纸塞在胸前，她感到一下子舒服多了。顿时舞会上许多人纷纷仿效她。那天所有跳舞的女士都因为在胸前塞了一层餐巾纸而明显感到比以前美多了，也轻松多了。

事后，一些不认识的人托朋友向她索要由她折叠的胸纸。还有一个人写信来，并在信中邮寄了1美元，感谢她的胸纸。

玛丽·菲尔普斯·雅各布受到了启发，利用自己的发明生产一种既能体现女人曲线美又能使她们舒服的产品。她出了50美元请了设计专家，画出了产品图样，取名为胸罩。

产品推出后深受女性的欢迎，她们感到这小小的产品把她们从束衣中解放了出来。最后玛丽·菲尔普斯·雅各布申请了专利，不断将产品推向世界。最后她成为世界闻名的大富翁了。

玛丽·菲尔普斯·雅各布的意外之举改变了整个人类的审美惯性，更成全了她的事业和成功。

想来真是奇怪，在舞会上那么多的人只有玛丽·菲尔普斯·雅各布利用了自己的意外发现。

是不是生活中意外的成功总是有心的成功，而且是独一无二的成功呢？

在生活的阴霾下擦拭地板

人在情绪低落的时候最想找个知心的朋友来倾诉、分享。曾经有一段时间，因为感情的事而受到一些误解。两个人经常为一些不涉及原则性的小事怄气，闹不愉快，几天彼此不理睬，直至长期冷战，让感情一天天如坚冰冷却、僵化、凝固。

这种情绪影响了我的写作和生活，一个夜凉如水的夜晚我把这种灰色的心情倾诉给一位很好的、大我近二十岁的忘年交。她没有太多的安慰的话，她说我给你发封邮件吧，看看心情也许会好些。

片刻我收到了朋友的邮件。打开邮件，一片让人心旷神怡的风景缓缓闪动，一段彩色的字幕渐渐闪入眼帘：有时候，你被所爱的人误解，你难过到不想争辩，也只有选择沉默。全世界都可以不懂你，但他应该懂，若他竟然不能懂，还有什么话可说？生命中往往有连舒伯特都无言以对的时刻，毕竟不是所有的是非都能说得清楚，甚至可能根本没有真正的是与非。那么不想说话就不要说吧，在多说无益的时候，也许沉默就是最好的解释。

在你跌入人生谷底的时候，你身旁所有的人都告诉你：要坚强，而且要快乐。坚强是绝对需要的，但是快乐，在这种情形下，恐怕是太为难你了。毕竟，谁能在跌得头破血流的时候还觉得高兴？但是至少可以做到平静。平静地看待这件事，平静地把其他该处理的事处理好。平静，有快乐，也有不快乐。能做到这一点，你就已经有了复原的能量。

发自朋友心扉的文字，就像冬天漏风的小木屋里缓缓燃起的一盆温暖的柴火。顷刻，我的心境被太阳的光芒覆盖，如同莽莽原野里的皑皑白雪一样明朗起来，广阔、悠远、明净。是的，我们和他人发生意见上的分歧，甚至感情的冲突，为此闷闷不乐，这等于与自己过不去呀。

郁闷、和自己过不去的时候，何不以另一种方式让自己轻松呢？看着好久没有擦拭落满灰尘的地板，我萌生了擦地板的情愫。于是找来一块干净的抹布擦地板。拎一块抹布，弯下腰，双膝着地，把面前这块地板的每个角落来回擦拭干净。然后重新省思自己在遇挫折、误解时说过的每一句话。我发现自己其实也有不对的地方，渐渐心平气和了，怎么以前没有发现呢？不免为自己迟到的发现惋惜，同时也为迟到的发现感到庆幸。

顿然明白，当我们怀抱诗意的理想，被现实的棱角有意、无意中碰伤时，我们必须学会弯腰，因为这个动作可以让自己谦卑。我们在体力中擦去地板上的灰尘的同时，也用无形的抹布在脑力中转移、稀释、淡化心灵的阴霾、沉闷、不快。

在电脑里放上舒缓、清新、悠扬的乡村音乐，点上一根烟，泡上一杯香醇的龙井茶，在坚硬的键盘上敲打这些柔软的文字，在这个夜凉如水的夜晚我有了意想不到的收获：得到了一份明快的好心情；拥有了光洁的地板；锻炼了因散漫的生活而慵怠的骨骼；还有这篇在生活的原野里如雪花般飘扬让自己心灵飞舞的文章。

找有光的地方

小时候我们就懂得有光的地方总是温暖的，令人向往的。稍微大一点的时候，我们慢慢懂得有光的地方就有希望。等到经历了人生的一些酸甜苦辣的时候，我们才渐渐明白通向有光的地方的道路是曲折的，尽管曲折，却充满诱惑力。

读过这样一则短短的新闻。意大利一座小镇发生地震时，一名26岁的小学教师对被压在书桌和倒塌的天花板下的学生喊道：“找有光的地方，有光的地方就有空气，有空气的地方就能呼吸。”危难时刻老师一句临危不惧的智慧之语，让这个班成为同一所学校相同灾难中生存率最高的幸运之班。

可以想象在大难临头之际，在许多人面对灾难束手无策时，只有那名老师心存阳光，心存希望。

我在想，把自己对生命和生活的态度融于理性之光的人，世界对他而言就没有所谓的绝望的境遇；他们不知道何谓心灵的痛苦，他们不怕没有阳光，不求明哲保身，只求通向阳光的道路，只求把自己内心微弱的光芒分享给别的需要阳光的弱小心灵。这样的人是拥有高贵生活的人，他们不回避危难，不回避黑暗，也不盲目追随他人。

找有光的地方，有光的地方就有希望。不论在顺境还是在逆境，不论在得意还是在失意的道路上，不论在鲜花还是在荆棘面前，不论在痛苦酸涩还是在幸福欢乐的时刻，我们眼前的任何事实，都不如我们对它所持的态度那样重要，因为那会决定我们的成功和失败。我们对某件事的思考方式，可能在我们有所行动之前就已将我们击垮。我们被事实征服，只因为我们以为自己会这样，只因为我们已经失去了寻找有光的地方的信念和恒心。

没有阳光的日子，我们可以用上所有的意念等待阳光，因为乌云是遮不住太阳的；没有灯光的时候，我们不用坐以待命，因为偶然的停电事故并不意味着长久的生活故障能阻碍我们走向美好生活的脚步；没有月光的时候，我们还可以在缥缈的星空中期待星光，因为东方不亮西方亮。人生在世，三十年河东三十年河西，没有谁能保证我们永远活在黑暗和阴云之下。

世上所有美好的事物都与阳光密切相关。花儿有了阳光就有了色彩。江山有了阳光就有了锦绣多姿的画卷。人在黑暗中行进，看见不远处的点点亮光，心中就有了力量。日月轮回，宇宙有了忽明忽暗的阳光，我们的生命就多了一段长度。

一个有阳光品质的人，必然是一个乐观、豁达，对生活充满希望的人。

找有光的地方，有光的地方就有欢乐，有欢乐的地方就有健康，有健康的时候我们就有希望。

给母亲留一道门

他在离家几百里远的大城市工作。在政府外事部门工作的他经常性出差，一个月至少有两三次外出办公的机会。有时到家乡所在的地级市出差，就顺便乘便车回家一次。

回到家喝不了一杯母亲泡的热茶，他就给母亲一些生活费后匆匆离开。在家里板凳还没坐热，他的电话就响个不停，一个接着一个。他本想好好陪母亲聊聊，刚打开话匣子，电话就不约而至。关机吧，影响工作，不关吧，又要和母亲聊天。手机既是朋友，又是敌人，各占一半，侵入工作和生活，对此他烦恼不已。

有一年冬天，天气变化，年迈的母亲突生大病，哮喘不停。卧在病床的母亲最牵挂的不是自己的身体，而是远方的儿女。家里人打电话给他，说母亲病了很想念他，让他抽空回来看看。可是他受政府派遣，到南方的一个城市商谈招商引资的一件大事情。这是政府的头号工程，十分重要。

接到电话，他很想回去，可是他的职务决定了他必须以大局为重。许多重要事项需要他拍板。他只能在电话里向母亲表示问候。

那次出差时间长达半个多月，在这段时间里，母亲的病情不但丝毫没有好转，反而一天天加重。领导决定，如果他圆满完成招商引资任务，回来后就立即提拔他。在这节骨眼儿上他很矛盾。一半是自己的辉煌的未来，一半是把他含辛茹苦养育成人的母亲，照顾了工作，就无法顾及母亲；照顾了母亲，又要影响自己的前途。

权衡再三，最终他还是留在南方的城市继续工作，他想工作一结束就立即回家看望母亲。对他的决定，领导很满意，这让他看到了被提拔的曙光。就在他被提拔的曙光冉冉升起的时候，母亲的生命之光，却一天天暗淡下去，身体越来越虚弱，哮喘时，上气不接下气，无比痛苦。

让他欣喜的是，在外面招商引资的时候，领导让他临时回来两天，参加一个很重要的会议。他可以利用这个机会抽空回家看望母亲。会议期间，他利用晚上的时间回了一趟家。参加会议的人有纪念品，他本想把纪念品带给父亲，一想到母亲生病了，就挑了一件女士真丝服，准备带给母亲。回到家中，母亲已经形容枯槁，十分虚弱。见到儿子大老远来看自己，强打精神，欣喜溢于言表，然而又不能多说话。母亲紧紧地握住他的手，抚摸个不停，就像小时候一样。他把衣服拿给母亲，母亲责备他怎么破费买这么高档的衣服。他一边安慰母亲，一边不停地看表。母亲看得出有许多事情等着儿子去办。她没有说太多的话，只是很简单地问了一句："你是专门来看我的吗？何必专门买衣服给我，我有衣服穿啊！"

他无法回答母亲的问题，只是很苦涩地笑笑。这两个"专门"像两把无形的刀，一左一右插在他的心房，刺得他心痛。他没想到，自己顺便的一次看望，在母亲眼里是那么难得、欣喜、骄傲。就在他享受着母亲手掌的温暖时，电话又响了。领导让他立即赶回，晚上还要召开扩大会议，研究重要的人事任免工作。他本想晚上好好陪陪母亲，然而又不能不服从组织的安排。

临走时，母亲时断时续，哮喘着努力和他说话，气胀得脖子和脸色都发紫。这让他十分揪心不安。

会议结束后，他又飞回南方，继续没完成的工作。一个星期后，他出色完成任务并凯旋。他如愿以偿，被提拔到一个很重要的岗位担任一把手。当他带着被提拔的喜讯专门赶回家时，母亲已经多病并发，身体十分虚弱了。那段时间，家里人几次打电话想叫他回来，都被母亲阻拦了，母亲的理由是：不能因为自己生病就影响儿子的前途。

病床上的母亲看到专门来看她的儿子时，眼里蓄满了泪水，挣扎着说："工作那么忙，你何必专门来看望我？"

不久母亲去世了，就在他专门看望后的几天时间里。

红尘中疲于奔波为名利忙碌的人们，被功名缠住了手脚，缝住了双眼，没有时间给亲爱的母亲留一道门。那道门不是钢铁混凝土筑就的，也不是荣耀、财富和地位装就的，而是一道很窄很窄的门——"专门"。

很多时候，我们没有时间给母亲留这样的一道门，也没有心思专门给母亲送上她所喜欢的礼物，更没有恒心专门表达自己的爱心。我们所给予的只是随便的看望，顺带的礼物，偶尔的陪伴，而忽略了这不起眼的门，可这简单的一道心灵共鸣之门，胜似万千满载鲜花掌声通往家园的风光之路。

穿过幽暗的光阴隧道，那窄窄的门里，凝聚着一个母亲无限的守望和牵挂。

一双2600个针眼的鞋

收到母亲从老家邮寄来的布鞋时，我并没有急于穿上。我把鞋捧在手掌上，仔细数了几遍鞋底上的针眼，芝麻般渺小的针眼一排一排，密密麻麻有序排列，布满了整个鞋底。数着数着，我的眼睛湿润起来，一个鞋底上有1300多个针眼，两只鞋加起来2600多个针眼！2600多个针眼在我眼中，就如同久违的母亲在2600多个日日夜夜，注视了远方的我2600多次。如果说母亲的布鞋是一片浩瀚的天空，那么这些针眼就是星辰，就是满天的繁星。我想，远方的母亲在给我纳鞋的时候，把手中的鞋当作了脚下的土地，2600多个针眼就是2600多粒种子，她把爱和希望一粒一粒种在千层布鞋里，希望她的儿子安稳、踏实，每天像种子一样冲破城市坚硬的水泥路面，去接纳属于自己的那份希望。母亲纳鞋时，手心里所流出的汗就是土地保墒的湿润之气，让我沾着地气行走好每一步路。

我想起美国作家梭罗说过的话，“我宁愿坐在一个南瓜木头上并独自拥有它，也不愿挤坐在天鹅绒坐垫上”“我在天空垂钓，钓一池晶莹剔透的繁星”。我给布鞋从不同的角度和在不同的背景下翻来覆去拍照后，将鞋穿在脚上，不大不小，正合尺码。按照梭罗自然的观点和生活信条，母亲的布鞋让我更加接近自然，接近天空、星辰和大地。今后，这双鞋必将支撑着我在城市的水泥路面上独立行走。街道上没有布鞋的影子，而母亲的心早已穿过。繁华的霓虹下，找不到母亲的目光，而我的心已经穿过迷离霓虹飞回母亲身边。堂皇的殿堂里没有母亲的位置，而母亲的高度已经超过它的高度。

回到单位，我给同事炫耀母亲纳的布鞋，他们先是有些羡慕地说："你真幸福，还能在酷暑时节穿上母亲亲手纳的布鞋，而我十几年没有穿过布鞋了。"尔后，神情有些淡淡怅茫，若有所思。

母亲的布鞋伴我度过了小学和中学，到城里上高中后，我嫌母亲的布鞋难看，灰头土脸，如同乡下林间不得宠的麻雀，我羡慕那些穿着皮鞋的城里同学，毋庸置疑，和他们站在一起，他们脚下的皮鞋先声夺人，早已向我们这些乡下来的泥腿子的后代展示了一种物质的外在优越和尊严。那时为了穿上一双皮鞋，以此摆脱乡村给我的自卑，我曾暗地里用铁丝在母亲为我缝制的布鞋上划破几道口子，回家要求母亲给我买一双皮鞋，理由是布鞋不耐穿而且容易沾灰。母亲给我的回答是，皮鞋哪有布鞋耐穿舒服？母亲拒绝了我的无理要求。这，彻底打消了我年少的虚荣心理，让我从此深陷自卑的旋涡，不和城里的学生来往。

那个晚上，母亲在瓦数并不高的灯泡下穿针引线，她从压在箱底的包袱里拿出早先准备好的千层鞋掌，一针一线做起鞋来。我趴在炕上，看着母亲先用针锥在鞋掌上戳一个针眼，再将针线穿进鞋面，然后一针一针固定在鞋掌上。针领着线，线随着针，在母亲瘦硬的手掌的引导下，穿过昏暗的灯光，穿过我的目光，穿过我眼中晦涩的夜色。也许是鞋掌太硬了，母亲用力抽穿进鞋掌的针纹丝不动，母亲用牙咬住针的一头用力抽，脸上的肌肉拧成麻花状，眼睛眯成一条波线，整个脸几乎变了形。母亲用顶针一点一点使劲顶穿进鞋掌的针，针和线在紧张的穿越后，颤抖着抵达另一面，这是它们的驿站，稍息之后，它们又将深入生活沉重的底部，然后再返回来。夜晚静谧的时光在针尖上进进出出，不谙世事的我，注目着这人间最朴素绵长的情感动作，心里矛盾重重。母亲的脖子酸了，她稍微靠在窗子上喘息片刻，又将针尖在头发中划一下，以头发上的油垢作为润滑剂，使迟钝的针充满灵性，敏捷地进入鞋掌上的针眼，走向黎明。

现在想来，顶针和母亲穿针引线的姿势也是一颗忠厚隐忍的心的造型。当命运的针线无数次穿过来，母亲的心，该留下多少密集的针眼？当她的儿子奢望充满光华的生活时，顶针上，母亲的手指关节上留下了多少无言的伤？这深沉朴素的情感让我的憧憬慢慢变得模糊而又清晰起来，清晰而又模糊起来。到了半夜我睡了过去，迷迷糊糊之间，只觉得母亲纳针线的声音“哧溜，哧溜”还在穿梭。

第二天早上起床时，枕头旁放着母亲做好的布鞋。她一夜没有合眼了。当我将鞋穿在脚上试穿时，擅长用比喻教育子女的母亲说：“娃娃，你到城里上学不是为了去穿皮鞋，而是为了求学，改变你的命。你今日穿布鞋是为了今后不再穿布鞋。你要知道我们做父母的辛劳和不易。布鞋和皮鞋就像地上的草，你有没有注意过？从松软的泥土里拔杂草很容易，而从沙石地里拔一棵杂草多么费劲啊！从沙石缝里长出来的草远远比从松软的庄稼地里拔出来的草更富生命力。你不是城里松软土地上的草，你应该是一棵从沙石地里长出来的草。沙石地里的草为了更好地活下去，就要努力向深处扎根，松软地里的草有优越的水土，当然不会使劲向深处扎根了，所以只要稍微用点力气，就会被拔出来。要改变你的命，就看你怎么扎根哩！”

我无语，苦涩的眼泪悄然涌上眼眶，骑上那辆破旧的自行车到15千米外的学校。自行车脚踏一上一下，一路上我一边看自己黯然的布鞋，一边细细咀嚼母亲说的那番话，心里酸酸的。

那个夜晚一直定格在我30年的人生履历中，从那时起，我不再向父母提任何关于皮鞋的要求。

参加工作后，我穿鞋的档次随着收入的增加而提高。然而皮鞋给我体面的行走的同时，也让我饱受了磨脚和汗臭之苦。于是格外想穿母亲纳的千层底布鞋，想起那个静谧而悠长的夜晚。

一个月前，南方的盛夏早早来到，我的脚更加难受了，给远在2000多千米外的母亲打了个电话，说想穿她亲手纳的布鞋。妻子说：“妈身体不好，你就别再给她增添劳苦了，还是买双布鞋吧。”我说：“从城市工厂里流水线上批量生产出来的布鞋没有母亲的气息和味道，我不仅仅是要穿布鞋，更要的是和母亲的一种骨肉相连之情啊！”

现在，这双母亲一针一线纳出来的布鞋就在我脚下，我脑中又浮现那个夜晚。现在母亲的心如同她曾经用过的那根针，在岁月的风尘中老去，那根具有金属禀性的针，慢慢变得柔软起来，像一团棉花铺在我的脚下。它贯穿着母亲的力量、期盼和人生信念，让我为了明天不耽于自己的追求。真的，我今天获得的一切，实际上就是母亲的布鞋给予的莫大恩泽啊!

远远的姐夫，亲亲的哥

一

春节的时候，身在南方的我几乎每天都要打电话给远在青海老家的大姐，正月初四那天，我打电话给姐姐问她们春节过得如何，姐姐说：“年还没有过完，你姐夫和村子里的人就到内蒙古沙漠里打工去了。”我说：“年还没有过完，这么早就出去打工了？”姐姐说：“我让他过完年再去，他自己主动要去，说是为了早点还清盖新房子所欠的几万元债。”

尘世间，当一部分人为幸福生活盛情高歌时，另一部分人像一阵风，悄然隐入生命最沉重的那一页，默默书写没有光彩的空白。当一部分人被繁荣和喧嚣遮蔽双眼时，另一部分人如卑微草根，深深扎进广袤大地，为这个一天天走向幸福的世界，增添新的注解。他们更懂得繁荣的本质，更有资格给我们描述生活的真相。可是他们却沉默如一块石头，什么也不说，只是看着繁华深处灯明灯熄，人来人往……

我的姐夫，就是这样一股不起眼的风，一块沉默的石头，在我人生的长河里悄悄指引我安静地体悟生命无奈的花开花落，生活无常的云卷云舒。

每次我打电话到大姐家，如果姐夫接了电话，他不知道和我说些什么。我无非是问问他塑料大棚里种了什么蔬菜，菜价卖得如何，打工有没有挣到钱，外甥女学习如何。三言两语，通话就结束了。有时候，握着电话，他不知和我聊什么，两个人就那样隔着时空彼此无声，只听见电话里“吡吡”的声波声。我等在电话这头，片刻，他木讷地问：“还有没有事情？没事我挂电话了，你打长途电话很贵的。”

前几年，他一直待在家里，不出去打工，一家人就靠塑料大棚里种的菜过日子。空闲时，他就找村子里那些不思进取的小伙子下象棋，赢香烟。姐姐让他到外面打工，他总是左耳进，右耳出，把姐姐的话当作耳旁风。他得过且过的做派让我很是不解。他们住的房子已经三十多年了，很旧很暗。这几年，大姐一心想盖新房子，而姐夫一直无动于衷，似乎这事与他没有关系。村子里别的人家盖了气派的新房子，他看上去一点不着急。整天除了在地里干些活，他就和游手好闲的年轻人下棋赢香烟。

外甥女读高中，每当开学的时候，我打电话去，大姐就哭哭啼啼，埋怨姐夫不思进取。这让我听得心里很恼火。外甥女没有学费，几乎每个学期我和二姐、三姐不用大姐张口就主动给外甥女学费。大姐家有困难了，我们姊妹主动帮忙，我知道，姐夫仗着我们几个姊妹有工作，挣钱容易，不等他张口，我们会主动帮忙。几年来，他依赖惯了，家里一有事情姐夫就甩给大姐。姐夫的表现让我很失望。我一直想找个机会在电话里好好开导他。

有一天晚上，我在外面喝多了酒，乘着酒兴，打电话到大姐家，是姐夫接的。一接通电话，我就毫不客气地责骂他：“姐夫，你还是不是个男人？你整天游手好闲，不想着怎样把家里的生活过好，你心里怎么想的？外甥女再两年要考大学了，上大学要花钱，你也该盖新房了，家里没钱还要筹钱。你家的老房子住了几十年，人家盖了新房子，你看了急不急？有本事能耐、能吃苦的人到外面挣了钱，盖了新房子，你就没有一点进取心？你天天下棋打牌，日子自动会好起来？你指望我们帮助你，我们可以帮你，但我们只能帮你一时，帮不了你一辈子！你还好意思得过且过？”

我劈头盖脸地责问他，越说越激动，越说越生气。电话里姐夫很不好意思，一个劲地说：“你说得对，是我不好，我改，我改，我一定改。”我听得出，他心里很不好受。我的语气又柔和了一些，说：“你出去打工，有什么困难我们可以帮着解决，但一直窝在家里，确实不怎么好。我刚喝了点酒，口气不好，我是小辈不应该和你这样说话，请你原谅。”

“没事的，是我不好，我知道，你们是为了我好。我这几天就出去打工，你们看我的表现。”姐夫很坚定地说。

那次通电话后的一个周末，我打电话到大姐家，大姐说：“自从你电话里把他教训了一顿，他表现好多了，前天和村里的人一起到内蒙古打工去了。”

二

姐夫到内蒙古打工的那段时间，我也时不常打电话给大姐，问问姐夫有没有来电话。大姐说：“一个月来一次。他说他们在荒无人烟的沙漠里，三个人一个机井，钻坑取沙。吃住都在帐篷里。伙食顿顿有肉，有新鲜蔬菜，一切挺好的，请我们不要担心。”

去年七月，我从江苏回了一次老家。在老家我遇到了和姐夫一起在内蒙古打工先回来的一个熟人，我问他那边情况怎么样，他说：“简直不是人过的生活。伙食差得很，馒头里经常有沙子，我们沙子就着馒头吃，干馒头碜得没法下咽。风沙大，早上起来，蒸笼里、饭盒里、被子上、鞋子里全是沙子。有时候，送菜的车坏在路上，一个星期送不到，我们没有蔬菜吃，只能喝稀饭、吃干馒头凑合。太苦了！那鬼地方，以后打死我也不去了！”

他的讲述，让我心情沉重起来。我又问：“我听我姐姐说你们伙食不错啊，顿顿有肉有新鲜蔬菜。”他说：“这都是骗家人的，还不是为了让家人安心、少牵挂？如果伙食好，我还会干下去的。我实在受不了那苦，就先回来了。你姐夫还在干，他说，一年干到头，多挣些钱，回去后要盖新房。”

顿时，我明白了姐夫的良苦用心。我脑子里浮现出这样的情景：姐夫端着稀饭，蹲在帐篷门口，皱着眉头，吞咽干馒头，身上全是沙泥浆，又乱又长的头发像一片营养不良的枯草，在风沙中飘着。他面朝家的方向，一口，一口喝着寡淡的稀饭，眼神里满是忧愁……

背井离乡的他，心里的酸涩、无奈、苦痛，只有自己最清楚。

熟人的话让我自责起来。我后悔自己那次喝酒后对姐夫不礼貌的责骂，心隐隐作痛。

我更想起了我上高中时寄宿在姐夫家的情景。

冬天的时候，每当下午放学，我都要赶回大姐家，帮姐夫到河边洗产自塑料大棚里的青菜。河水冷得彻骨，姐夫套着塑料手套，一捆一捆，把芹菜泡进冰冷的河水里，一遍一遍清洗芹菜根部的泥土。我帮他把芹菜整整齐齐码到人拉车里。风冷嗖嗖灌进脖子里，姐夫的脸、脖子已经冻得发青。天渐渐黑了。姐夫的手冻得不听使唤，他停下来，搓搓手，继续洗菜。我说：“姐夫你歇一会儿，我来洗。”他不让我洗，说：“水太冷，你受不了，还是我来洗。”天完全黑了，我打手电筒给他，他的脸上全是水花，一滴一滴顺着面颊流下来，淋湿衣领。片刻，衣领冻住了，硬撅撅的。

洗好菜，我们乘着夜色把菜拉到收购点。那天，菜价很贱，一斤卖不了两毛钱。高高的一车菜，卖了一百多块钱。从菜老板手中接过钱，姐夫给了我5块钱，说：“拿着吧，在学校肚子饿了，买个饼子吃。你看，我们农民这个苦样子，你好好学习，考个好大学，将来有了工作，就不会再像我们一样吃苦受罪了。等你有了钱，姐夫也跟着你沾沾光。”

接过钱，我心里暖暖的，我不知道该说什么，有一种想流泪的冲动。

心里想着，将来真的有了钱，一定要好好对待姐夫。

高中三年，每次卖了菜，不论多少，姐夫时不常给我几块钱。尽管钱不多，但在十四年前，对一个穷学生来说，这已经是很满足的事情了。

三

去年，姐夫一家花了6万元盖了很不错的新房。尽管二姐、三姐和我以不同的方式给他们帮了一些忙，但是大姐还欠了几万元的债务。姐夫的进取心明显好多了。今年开春后，他又到内蒙古打工去了。

昨晚，我给大姐打电话，问姐夫有没有来电话，大姐说："来了，有时候半个月来一次，有时候一个月来一次。他说今年光景不好，钻井的机器坏了近一个月，没修好，活干不成。只好在工地上闲躺了近一个月。两个月的时间只挣了不到一千块钱。和他一起去打工的人给家人打电话，无意中说你姐夫在工地上被烫伤了脚，动弹不成。我心里着急，天天等他电话，他们只有到镇上办事的时候，才有机会给家里打电话。前几天，他来电话，我问他脚烫伤的事情，他说没有的事情，我不信，最后他说是一些小伤，已经好了，没什么大碍，可以干活了。我让他回来，他不回来，他说要多挣些钱回来还债。"

我说："下次他来电话，你替我问候一声，就说我想念他。"

打完电话，我的心情一下子沉重起来。卑微如草芥的姐夫，为了将幸福生活的希冀扎进远方的土地，背井离乡，在那孤寂、荒凉、艰苦的地方，隐忍着多少内心的疼痛和酸楚啊。这一切，是处在舒适环境中的我永远不可能体会和承受得住的。他更像一个战士，与风沙、饥饿、时间、孤寂战斗，超负荷的重活持久不息，机械故障时有发生，恶劣的环境常常导致疾病，无常的风沙随时袭来，这一切随时有可能打败他，而他以自己的韧性、耐力、汗水苦苦抵抗着。到头来，生活并没有给他馈赠多少如意的结果，而稀疏枯黄的头发，干瘦的身躯，黝黑粗糙的皮肤，层层叠加的老茧，早已把41岁的他塑造成一个渐渐衰弱下去的单薄身影。

现实的反差，是令人多么难过！

三年前的春节，我回家探亲。我去看望姐夫，他正在塑料大棚里干活。他见了我，拍了拍身上的泥土，有点自卑，说话时低着头，声音也很小。我说：“姐夫现在很勤快啊！”他更不好意思，我注意到他的耳根红了。

我给他从南通带了好烟好酒。他看了看，半天才说了声：“唉，我们农民抽这个烟纯粹是糟蹋啊！还是你留着抽吧。”我笑了，说：“给你是应该的嘛，还客气个啥？”他慢慢接过去，低下头，仔细看香烟的牌子。他说：“我要省着些抽，还要发给村里人，就说是我舅子从江苏带来的好烟。你过得好，我当姐夫的脸上也有光啊！”我把给他的烟装进了他从家里带来放食物的包里，然后给他发了一根更好的烟，他接过去，放在鼻子下闻了闻，长长地吸了一口气，又闻了闻，拿出打火机，想点，犹豫了一下，最终还是没有点，把烟夹在了耳朵上。然后继续埋头翻地，我说：“我帮你翻一会儿地吧。”他说：“别，别，会弄脏你的衣服皮鞋。里面太热，你在温室门口站一小会儿，我马上就翻好了。”

他翻地的时候，夹在耳朵上的烟掉地上了，他弯下腰，迅速捡起来，吹掉沾在烟上的湿泥屑，湿泥已把烟浸湿了。我说：“算了，扔了，我重新给你一根。”他说：“没事的，我晾干后还可以抽，你花了钱，不能浪费的。”

这情景，让我不由得想起来鲁迅先生笔下的“我”和“闰土”。一种异样的感觉，瞬间，让我心头凉了起来。

四

我在写这篇文章的时候，姐夫为了还建房时欠的债还在沙漠里打工。此刻，城市的夜晚迷人而又纷繁。有关姐夫的往事一幕幕浮上心头。灯火辉煌，我不知道，辉煌背后隐藏着多少苍凉与无语。想必姐夫拖着疲惫的身躯，正躺在粗砾风沙侵袭的帐篷中还没有进入梦乡吧。抬眼望去，窗外缤纷的霓虹灯尽情宣泄着幸福的世俗生活。远处的建筑工地灯火通明、机器轰鸣。一些人在城市的夜幕下，如一粒粒尘埃沙石，铺展延伸城市居民的幸福与梦想；一些人平凡如一块块砖头，融入城市的高楼大厦，支撑起活在霓虹灯下人们的光华与荣耀。没有人会在意这些漂泊在城市的尘埃、沙石、砖块和着怎样的辛酸、惆怅、无奈、挂牵和泪水。

往事像胶片，轮番显现。姐夫孤单的背影、冻僵的手指、木讷的言行、沙漠里的酸楚以及我自以为是的言辞像一根根麦芒，剑指我心，让我难以入眠，疼痛不已。

远远的姐夫，我曾经斥责过你，藐视过你，打击过你，在我的记忆里我从没有叫过你一声“哥”，而今，你的木讷、你的自卑、你的隐忍、你的转变，让我愁肠百结、悔恨交加，我只想以包含热泪的言语，叫你一声“亲亲的哥”。当霓虹散去，大地安静，我知道，远方的你，比谁都清楚，苍生世界里哪一颗心暖，哪一盏灯亮；我也知道，当乡愁如月升起，在那荒凉的地方，哪一股血热，哪一杯水寒。

举起感恩的手

这是前几年我到西南某省旅游时的经历。

我们一行20多人坐在旅行社的大巴车上前往一著名旅游景点，也许是在南方待久了，鲜见高山名川，车子还没有到目的地，我们就隔着玻璃窗急切地欣赏窗外秀美的风光，巍峨的山被葱茏的草木笼罩，如同披上了新衣服，草木层次分明，呈波线状，一层浓绿，一层淡绿，中间夹杂着一排排大朵炫目的鲜花，如同少女头上美丽的装饰簪子。清风吹来，山下的湖泊碧波荡漾，泛起一圈圈碧绿如翡翠般的涟漪，脚下的湖像一面镜子，让多日疲惫奔波的身心因此明朗起来。远处青黛相间的屋舍，若隐若现，镶嵌在屋脊上的黑瓦白瓦如同钢琴的琴键，一幅悠远空灵的国画应运而生，让旅途多出了一种静默恬淡的意境。

快到中午时，车子经过一个小镇，车停下来加水，适逢一所小学放学，奇怪的是，三三两两散布在街道上的学生见到旅游车和游客后，都不约而同地停下来，正步，抬头，注目旅游车并举手敬礼。阳光下，他们的红领巾显得格外醒目。车内空调凉爽，窗外烈日高照，这一幕让车内的我很纳闷，这些学生为什么会向一辆普通的旅游车以及车内素不相识的游人敬礼？莫非这是他们当地的一种习俗？亦或是贪玩的他们闹着玩，引起我们的好奇和注目？

随着疑问的深入，我仔细观察窗外的他们。他们神色庄重，自觉地排成整齐的队伍，手与头顶齐平，像训练有素的战士。太阳火辣辣地照着，也许是高原的紫外线强烈，他们的脸庞黑里透红，颜色像成熟的葡萄。没有人嘻嘻哈哈，也没有人做小动作，也没有人指挥什么，只是望着车子一直敬礼。这真是一群可爱的孩子！

这让我想起小时候贪玩调皮的情景。那时候我们家住在国道边上，每当放学回家走在国道上时，只要大老远看到有车子驶来，我们几个伙伴就放慢脚步，等车子快到身边的时候，缓缓举起手臂，做出拦车的样子，车子减速准备停车时，我们故意将手放到后脑勺，挠痒痒。司机看到我们没有坐车的意思，就瞪了一眼骂骂咧咧，加大油门走了。我们对着离开的车子哈哈大笑，享受恶作剧带来的乐趣。这样愚弄司机的闹剧经常出现在放学的路上，时间长了，司机识破了我们的诡计，就停下车来狠很训斥我们。最后这件事情被反映到学校，我们自然免不了老师的批评和惩罚。此后，再也没有人戏弄司机了。单调的乡间生活少了我们的欢声笑语，放学的路上因此少了许多乐趣，渐渐变得沉闷起来。

旅游车加好水，一发动就迅速离开了。我回过头，注视那些学生，直到车子走远了，他们才放下手走开。这个礼，他们在烈日暴晒下差不多敬了十分钟。如果是我，手臂早已发困了。

很快我们就到了景点。下车，参观，感慨。一个多小时后，景点参观结束了，我们准备前往第二个景点。大约四个小时的车程，又经过一个小镇。在镇上，又恰逢一所小学放学。我们看到了同样的情景，那些衣着陈旧的孩子，一看见旅游车，不约而同停下来，神情虔诚，姿势标准地向我们敬礼。他们的举动让我回想起了中午的情景和猜测，难道这里面有什么故事吗？

为了证实自己的想法，我问导游其中的缘由。导游说：“你们猜猜看，谁猜对了就奖励一个小礼物。”车内的旅客没有了困意，个个打起精神猜。有的说这是习俗，有的说这是学校的规定，有的说这是学生们的游戏。回答五花八门。最后导游微笑着说：“你们都猜错了，他们在向你们感恩！”

导游的回答让我们出乎意料。“感恩？”乘客们伸长脖子反问导游。我们觉得这个答案，不可理解。“是的，他们是在向你们感恩。”导游再次强调道。我们急切地问：“为什么向素不相识的游客感恩？”真不可思议。

导游解释道：“因为你们到这里旅游，买了门票，增加了我们当地的收入。我们这里经济不发达，教育也相对落后，教育投入不足，意味着有些贫困的学生上不起学。于是政府就用旅游的收入来贴补教育，建了很多希望小学，让这里的学生都能上得起学。这些学校就要求学生们凡是遇见旅游车和游人就敬礼感恩。就这么简单，没有什么复杂的原因。”

车内的乘客低下了头。这的确让我们汗颜。没有人遗憾未拿到象征吉祥如意的纪念品，唯一遗憾的是没有人回答出这样一个简单的问题。我想起了深爱的一本杂志的一个老总编辑说过的一句话：“世界上最美丽的花朵，往往盛开在无人注目的地方。”

爱是这个世界生生不息的太阳，那些孩子，向日葵一样信仰阳光和温暖的孩子，他们以稚嫩的手臂感恩，给这个世界架起了一座座向善向美的桥，顺着这个桥，我们看到了清澈见底的心灵，看到了火把一样传递的希望。

感恩大地，感恩太阳，感恩山川河流；感恩父母，感恩老师，感恩社会苍生。涓涓细流，汇流成河，一个懂得感恩的孩子，一个懂得感恩的地方，一个懂得感恩的民族，他们的未来是不可限量的！